高等学校"十三五"规划教材

材料化学综合实验

师进生　主编

崔洪涛　李怀勇　牛永盛　副主编

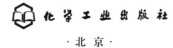

化学工业出版社

·北京·

内 容 提 要

全书分为三大部分，包含72个实验。第1章材料化学性能测试实验，第2章材料化学合成实验，第3章材料化学设计与研究性实验，包括了金属材料、无机非金属材料、纳米材料、高分子材料、生物功能材料等材料化学实验的基本知识、相关原理、实验技术和研究方法。其中既有经典的实验，也有一些反映学科前沿的新技术、新方法和新成果的设计与研究性实验。

本教材可作为高等院校材料科学与工程、材料学、材料化学等相关专业师生的教学用书，也可作为从事材料生产的技术人员及其他涉及材料化学实验领域的研究人员的参考用书。

图书在版编目（CIP）数据

材料化学综合实验/师进生主编. —北京：化学工业出版社，2017.6
高等学校"十三五"规划教材
ISBN 978-7-122-29542-2

Ⅰ.①材⋯ Ⅱ.①师⋯ Ⅲ.①材料科学-应用化学-化学实验-高等学校-教材 Ⅳ.①TB3-33

中国版本图书馆 CIP 数据核字（2017）第 087836 号

责任编辑：陶艳玲	文字编辑：林 丹
责任校对：宋 夏	装帧设计：关 飞

出版发行：化学工业出版社（北京市东城区青年湖南街 13 号　邮政编码 100011）
印　　装：三河市延风印装有限公司
787mm×1092mm　1/16　印张 12　字数 271 千字　2017 年 8 月北京第 1 版第 1 次印刷

购书咨询：010-64518888（传真：010-64519686）　售后服务：010-64518899
网　　址：http：//www.cip.com.cn
凡购买本书，如有缺损质量问题，本社销售中心负责调换。

定　价：45.00 元

前　言

材料、能源和信息是现代科学的三大支柱，其中材料是工业发展的基础。一个国家材料产品和产量是直接衡量其科学技术、经济发展和人民生活水平的重要标志，也是一个时代的标志。材料化学是一门新兴的交叉学科，属于现代材料科学、化学和化工领域的重要分支，是发展众多高科技领域的基础和先导。材料化学实验作为材料化学专业学生的专业实验课程，直接关系到学生能否掌握材料化学基础知识和基本技能，能否有效地掌握科学思维方法、培养科研能力、养成科学的精神和品质。该实验课程在材料化学专业中占有举足轻重的地位。

本教材是根据 21 世纪我国高等教育的培养目标要求，结合教学实际和近年承担的教学研究项目成果编写而成的。编写的原则是厚基础，宽口径，适应性广，突出综合性，强化绿色化学理念，体现学科发展的实验新技术和新方法。全书包含 72 个实验，从三大部分进行编写：第一部分材料化学性能测试实验，第二部分材料化学合成实验，第三部分材料化学设计与研究性实验，包括了金属材料、无机非金属材料、纳米材料、高分子材料、生物功能材料等材料化学实验的基本知识、相关原理、实验技术和研究方法。其中既有经典的实验，也有一些反映学科前沿的新技术、新方法和新成果的设计与研究性实验。本教材内容丰富，理论与实践相结合，简明易懂，实用性强，可作为高等院校材料化学专业师生的教学用书，也可作为从事材料生产的技术人员及其他涉及材料化学实验领域的研究人员的参考用书。

本书由青岛农业大学化学与药学院师进生主编，青岛农业大学刘清芝、李海银、李伟娜、牛永盛、孔晓颖、孙钦星、徐香、王强、魏洪涛、孙新枝，烟台大学崔洪涛和聊城大学李怀勇参与编写。全书由师进生和牛永盛对编者提供的实验进行审阅、增删和修改，最后由师进生统稿和定稿。

本书在编写过程中得到青岛农业大学名校工程建设资金的资助，得到了学校领导的大力支持和帮助。本教材还参考了国内外相关书刊，在此一并表示衷心的感谢。

限于编者水平，书中难免有疏漏之处，恳切希望读者和专家批评指正。

编者

2017 年 3 月

目　录

第1章　材料性能试验 / 1

第2章　基本材料化学合成实验 / 56

2.2　高分子材料 ‥‥‥‥‥‥‥‥‥‥‥‥‥‥‥‥‥‥‥‥‥‥‥‥‥‥‥‥‥‥ 93

第3章 材料化学设计与研究性实验 / 140

第1章

材料性能试验

实验1 材料磁化率的测定

一、实验目的

① 掌握古埃磁天平测定材料磁化率的原理和方法。

② 测定材料的摩尔磁化率，掌握通过磁化率计算顺磁性原子未配对电子数的方法。

二、实验原理

1. 材料的磁化率

材料在外磁场 H 的作用下，由于电子等带电体的运动，会被磁化并感生出一个附加磁场 H'。外磁场强度和感生磁场强度之和称为该材料的磁感应强度 B。感生磁场的强度与材料的成分、结构、所处温度以及外磁场的强度有关。

$$H'=4\pi I=4\pi\chi H$$

式中，I 为材料的磁化强度；χ 为材料的体积磁化率，简称磁化率，表示单位体积内磁场强度的变化，表征物质被磁化的难易程度。化学上常用单位质量磁化率 χ_w 和单位摩尔磁化率 χ_m 表示材料磁化程度，它们分别定义为

$$\chi_w=\chi/\rho$$

$$\chi_m=\chi M/\rho$$

式中，ρ 为材料的密度；M 为材料的相对分子质量。

对于顺磁性材料，摩尔磁化率 χ_m 与分子磁矩 μ_m 之间服从居里定律。

$$\chi_m=\mu_0 N_A\mu_m{}^2/3kT$$

式中，μ_m 为分子磁矩；N_A 为阿伏伽德罗常数；μ_0 为真空磁导率；k 为玻尔兹曼常数；T 为热力学温度。上式中的分子磁矩由分子内未配对电子数 n 决定，即

$$\mu_m=\mu_B\sqrt{n(n+2)}$$

因此，可以通过实验测定材料的磁化率，并进一步研究材料内部结构。

2. 材料摩尔磁化率的测定

古埃磁天平法是根据样品在非均匀磁场中所受的力来确定磁矩，进而求出磁化率，测定原理如图 1-1 所示。

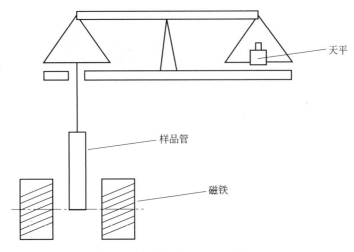

图 1-1　古埃磁天平测定原理示意图

将装有样品的圆形样品管悬于非均匀磁场中，使样品管的底端位于磁场强度最大处（场强为 H），样品顶端位于磁场强度很弱的磁场边缘处（场强为 H_0）。设圆形样品管的截面积为 A，空气的体积磁化率为 χ_0，可以证明样品管内样品受到的力为

$$F = \frac{1}{2}A(\chi - \chi_0)\mu_0(H^2 - H_0^2)$$

若空气的体积磁化率 χ_0 和边缘磁场强度 H_0 可忽略不计，则上式简化为

$$F = \frac{1}{2}A\chi\mu_0 H^2$$

在非均匀磁场中，顺磁性物质受力向下表现为增重，反磁性物质受力向上表现为减重。用磁天平测出样品处于磁场前后的质量变化 Δm，则有

$$F = \frac{1}{2}A\chi\mu_0 H^2 = g\Delta m$$

式中，g 为重力加速度。若样品管的高度为 h，样品在无磁场情况下质量为 m，则样品的密度为 $\rho = m/hA$，

可将上式整理得

$$F = \frac{m\chi_m\mu_0 H^2}{2Mh} = g\Delta m$$

$$\chi_m = \frac{2g\Delta mMh}{m\mu_0 H^2} = \frac{2\mu_0 g\Delta mMh}{mB^2}$$

磁感应强度 B 可由特斯拉计测出，或用已知磁化率的标准物质进行间接测量，如莫尔氏盐的摩尔磁化率与热力学温度间的关系为

$$\chi_m^B = \frac{9500}{T+1} \times 4\pi M_s \times 10^{-9}$$

式中，M_s 为莫尔氏盐的摩尔质量。

三、仪器和试剂

1. 仪器

FD-FM-A 型古埃磁天平　　　1 台

2. 试剂

莫尔氏盐	A. R.	五水硫酸铜	A. R.
七水硫酸亚铁	A. R.	亚铁氰化钾	A. R.

四、实验步骤

打开励磁电源开关、电流表，打开电子天平的电源，并按下"清零"按钮，毫特斯拉计表头调零，然后调节磁场强度约为 100mT，检查霍尔探头是否在磁场最强处，并固定其位置，使试管尽可能在两磁头中间（磁场最强处）。

取一支清洁、干燥的空样品管，悬挂在天平一端的挂钩上，使样品管的底部在磁极中心连线上，准确称量空样品管的质量 m，重复称取三次取平均值；接通励磁电源调节磁场强度为 350mT，记录加磁场后样品管的称量值，重复三次取平均值，并计算磁场加入前后的质量差 Δm。

取下样品管，装入莫尔氏盐，使样品粉末填实，直到样品高度至试管标记处。按照上面的步骤分别测量其在无磁场时的质量及在磁场加入前后的质量差，重复测三次，取平均值。

用同样方法分别测定五水硫酸铜、七水硫酸亚铁、亚铁氰化钾在无磁场时的质量及在磁场加入前后的质量差，重复测三次，取平均值。

五、实验结果与处理

将空样品管 m_0，装有莫尔氏盐及待测样品的样品管在无磁场加入时的质量 m 及磁场加入前后的质量差 Δm 记录在表 1-1 中。

表 1-1　实验数据

项目		无磁				有磁				质量差	试样高度
		一	二	三	平均	一	二	三	平均		
空管质量 m_0/g	1										
	2										
	3										
	4										
空管加样品质量 m/g	1										
	2										
	3										
	4										

求出样品的摩尔磁化率、磁矩、样品中金属离子的未成对电子数。

六、思考题

① 影响本实验测量结果的主要因素有哪些？

② 待测试样和标样的填充密实程度及填充高度差异对测量结果有无影响？

七、参考文献

[1] 周公度，段连运. 结构化学. 第四版. 北京：北京大学出版社，2008.

[2] 傅献彩，沈云霞，姚天杨. 物理化学. 第五版. 北京：高等教育出版社，2005.

八、附注

① 调节磁场强度时，励磁电流的变化应平缓，尽量保持励磁电流相同。

② 关闭电源前应先将励磁电流降至零。

③ 样品管装样时，应不断敲击振荡样品管底部，以保证粉末样品填充密实。

实验2　固体线膨胀系数的测定

一、实验目的

① 了解材料热膨胀行为的微观机理。

② 掌握固体线膨胀系数的测量方法。

③ 掌握千分表的使用方法和温度控制仪的操作方法。

二、实验原理

随着温度的变化，多数材料表现出受热膨胀，遇冷收缩的行为，这种行为称为材料的热膨胀。在工程应用中，材料的热膨胀属性对其服役行为有着重要的影响。对于不同的材料，在相同的温度变化范围内，材料的尺寸变化程度是不同的，因而由不同材料组成的产品在温度变化时会产生局部应力，尺寸不匹配，严重时会导致缝隙、松动或崩裂。

表征材料尺寸随温度变化程度的物理量称为热膨胀系数，又分为体膨胀系数和线膨胀系数，分别定义为单位温度改变下材料体积或长度的变化率，即

体膨胀系数：$\alpha_V = \dfrac{\Delta V}{V} \times \dfrac{1}{\Delta T}$（℃$^{-1}$或 K^{-1}）

线膨胀系数：$\alpha_L = \dfrac{\Delta L}{L} \times \dfrac{1}{\Delta T}$（℃$^{-1}$或 K^{-1}）

在实验中，可以通过测量材料在不同温度下的尺寸，作长度 L-温度 T 曲线，并通过求取曲线上某点的斜率得到该点对应温度下材料的线膨胀系数，也可以通过测量材料在两个不同温度下的长度，用公式 $\alpha_L = \dfrac{L - L_0}{L_0} \times \dfrac{1}{T - T_0}$（℃$^{-1}$或 K^{-1}），求解其线膨胀系数。

三、仪器和试剂

1. 仪器

FD-LEA 型固体线膨胀系数测定仪　　　　1 台

2. 试剂

铁棒、铝棒、铜棒（直径 8mm，长 400mm），若干。

四、实验步骤

将热膨胀测定仪安置好，保证仪器平稳，没有振动。

旋松千分表固定架螺栓，转动固定架至使被测样品能插入紫铜管内，再插入隔热棒并用力压紧。转动固定架使被测物体与千分表测量头保持在同一直线上，完成试样安装。

将千分表安装在固定架上，并且扭紧螺栓，不使千分表转动，再向前移动固定架，使千分表读数值在 0.2～0.4mm 处，用固定架将其固定。然后稍用力压一下千分表滑络端，使它与隔热棒有良好地接触，再转动千分表圆盘读数，将其调零。

接通电加热器与温控仪输入输出接口，插上温度传感器的插头，接通电源。通过调节恒温控制仪的面板，设定需加热的温度（可分别增加温度为 20℃、30℃、40℃、50℃），按确定键开始加热。

五、实验结果与处理

当显示温度达到设定温度并稳定后，记录千分表的读数，根据公式计算线膨胀系数。操作三次，求平均值并考查误差情况。

更换不同的金属棒样品，测量并计算线膨胀系数，查阅理论参考值，进行比较。

六、思考题

通过作图法（长度-温度曲线斜率法）求得的结果和温度区间法测得的结果有何不同？

七、参考文献

[1] 图布心，魏凤成，汪逸新. 测定固体线膨胀系数的一种方法. 光学技术. 2000，1：90-91，94.

实验 3　失重法测定金属的腐蚀速率

一、实验目的

① 掌握失重法测定金属腐蚀速率的原理和方法。

② 掌握用失重法测定碳钢在稀硫酸中的腐蚀速率。

③ 初步了解缓蚀剂对金属腐蚀的抑制作用。

二、实验原理

金属发生均匀腐蚀时，其腐蚀速率的表示方法一般有两种：一种方法是用在单位时间内、单位面积上金属损失（或增加）的重量来表示，通常采用的单位是 $g/(m^2 \cdot h)$；另一种方法是用单位时间内金属腐蚀的深度来表示，通常采用的单位是 mm/a。目前测定金属腐蚀速率的方法很多，有重量法、容量法、极化曲线法、线性极化法（即极化阻力法）等。

重量法是其中一种较为经典的方法，它适用于实验室和现场试验，是测定金属腐蚀速率最可靠的方法之一，是其它金属腐蚀速率测定方法的基础。重量法是根据腐蚀前、后金属试件重量的变化来测定金属腐蚀速率的。重量法又可分为失重法和增重法两种。当金属表面上的腐蚀产物较容易除净，且不会因为清除腐蚀产物而损坏金属本体时常用失重法；当腐蚀产物牢固地附着在试件表面时则采用增重法。

把金属做成一定形状和大小的试件，放在腐蚀环境中（如大气、海水、土壤、各种实验介质等），经过一定的时间，取出并测量其重量和尺寸的变化，即可计算其腐蚀速率。

对于失重法，可通过下式计算金属的腐蚀速率：

$$v^- = (W_0 - W_1)/(st) \tag{1-1}$$

式中，v^- 为金属的腐蚀速率，$g/(m^2 \cdot h)$；W_0 为腐蚀前试件的重量，g；W_1 为经过腐蚀并除去腐蚀产物后试件的重量，g；s 为试件暴露在腐蚀环境中的表面积，m^2；t 为试件腐蚀的时间，h。

对于增重法，即当金属表面的腐蚀产物全部附着在上面，或者腐蚀产物脱落下来可以全部被收集起来时，可由下式计算腐蚀速率：

$$v^- = (W_0 - W_2)/(st) \tag{1-2}$$

式中，v^- 为金属的腐蚀速率，$g/(m^2 \cdot h)$；W_2 为腐蚀后带有腐蚀产物的试件的重量，g；其余符号同式(1-1)。

对于密度相同的金属，可以用上述方法比较其耐蚀性能。但是，对于密度不同的金属，尽管单位表面的重量变化相同，其腐蚀深度却不一样。此时，用单位时间内的腐蚀深度表示金属的腐蚀速率更为合适。其换算公式如下：

$$v_t = \frac{v^- \times 365 \times 24}{10^4 \rho} \times 10 = \frac{8.76}{\rho} v^- \tag{1-3}$$

式中，v_t 为年腐蚀深度，mm/a；ρ 为试片材料的密度，g/cm^3；v^- 为失重腐蚀速率，$g/(m^2 \cdot h)$。

三、仪器和试剂

1. 仪器

电子分析天平	2 台	脱脂棉、滤纸	若干
矩形碳钢试片	30 片	旋转挂片腐蚀试验仪	1 台
镊子	1 把	500ml 烧杯	10 个
尼龙丝	2 条	玻璃棒	2 根
砂纸	1 张	锤子	1 把

游标卡尺	1 把		

2. 试剂

无水乙醇	A. R.	丙酮	A. R.
硫酸	A. R.	硫脲	A. R.

四、实验步骤

本实验的主要内容：用重量法测定碳钢在 10% H_2SO_4 和 10% H_2SO_4+1g/L 硫脲中的腐蚀速率和缓蚀率。实验步骤如下。

① 配溶液：用试剂硫酸和蒸馏水配制实验溶液，每种溶液 800ml，分别盛在 1000ml 烧杯内。

② 磨试样：试样表面状态要求均一、光洁，需要进行表面处理。制作试样时已经过机加工，试验前还需用砂布打磨，以达到要求的光洁度。表面上应无刻痕与麻点。平行试样的表面状态要尽量一致。打磨时注意避免过热。

③ 打号码：试样标记，可用钢号码打印编号。

④ 量尺寸：用游标卡尺测量试样的长、宽、厚和小孔直径，以供计算暴露表面积。测量时必须量几个部位，取其平均值。

⑤ 清洗去油：将试样表面残屑除尽，用浸丙酮的棉花球擦拭，除去表面油污，再用蒸馏水冲洗，滤纸吸干。然后用电吹风干燥（注意用冷风！）。清洗后的试样不能再用手拿取，需放在干净的滤纸上。

⑥ 称初重：干燥后的试样用分析天平称取初重 W_0，准确到 0.1mg。

⑦ 浸入试验溶液：试样称重后立即穿上塑料线，浸入试验溶液内（注意：记录浸入时间）。每种试验溶液内挂 3～4 块平行试样。注意试样不能彼此接触，也不能与容器接触。试样浸入深度应大致相同。其上端距液面应大于 2cm。观察并记录试样浸入溶液后发生的现象。

⑧ 自试片浸入开始计时，1h 后停止试验，将试片取出，用水清洗后用橡皮擦净表面腐蚀产物。再用无水乙醇和丙酮清洗，用滤纸吸干放入干燥器干燥一段时间。

⑨ 清除腐蚀产物：取出试样前应仔细观察试样表面和溶液中的变化。取出试样（记下时间）后观察试样表面腐蚀产物的形态和分布。将试样放在自来水流下冲洗，用毛刷刷去疏松的腐蚀产物，再次观察试样表面状态。

⑩ 将干燥后的试片再次用电子分析或分析天平称重，准确度应达 0.1mg，恒重后的重量作为腐蚀后重 W_1。

五、实验结果和处理

1. 定性评定

观察腐蚀后的试片外形，确定腐蚀均匀与否，观察产物颜色分布情况及与金属表面结合是否牢固；观察溶液颜色有否变化，是否有腐蚀产物沉淀。

2. 定量评定

如是均匀腐蚀，则可根据式(1-1)计算腐蚀速率，并可根据式(1-3)换算成年腐蚀深度。根据下式计算实验条件下硫脲的缓蚀率：

$$I = (v_0 - v)/v_0 \times 100\% \tag{1-4}$$

式中，I 为缓蚀率；v 为加入缓蚀剂后的腐蚀速率，$g/(m^2 \cdot h)$；v_0 为未加缓蚀剂的腐蚀速率，$g/(m^2 \cdot h)$。

表 1-2 所列为失重法测量金属腐蚀速率的数据。

表 1-2　失重法测量金属腐蚀速率的数据

日期：　　　　　　　　温度：

实验介质		$10\% \ H_2SO_4$			$10\% \ H_2SO_4 + 1g/L$ 硫脲		
编号		1	2	3	4	5	6
长 a	cm						
宽 b							
厚 c							
孔径							
S	m^2						
W_0	g						
W_1							
W							
t	h						
$\bar{v}$	$g/(m^2 \cdot h)$						
$\overline{\overline{v}}$							
I	%						

六、思考题

1. 碳钢在硫酸溶液中的腐蚀有何特点？

2. 试样腐蚀后外貌和溶液有什么变化？描述腐蚀产物的形态、颜色、分布以及与金属试样表面的结合情况。

3. 分析失重腐蚀试验的误差来源，如何提高试验精度？

七、参考文献

[1]　孙跃. 金属腐蚀与控制 [M]. 哈尔滨：哈尔滨工业大学出版社，2003.

[2]　吴继勋. 金属防腐蚀技术 [M]. 北京：冶金工业出版社，1998.

实验4　合金金相组织的显微结构实验

一、实验目的

1. 掌握金相制备、金相组织观察、金相摄影等技术。

2. 了解金相显微镜的基本结构，熟悉金相显微镜的使用方法。

3. 了解铸造、固溶处理、轧制及时效处理四种加工工艺对铝合金的组织特征的影响。

二、实验原理

金相显微分析是研究金属内部组织最重要的方法之一。为了在金相显微镜下观察到金属或合金的内部组织，就需要将材料制成金相样品。其制备过程包括取样　磨光　抛光　化学浸蚀等步骤，样品制备的质量直接影响组织观察。

1. 取样

在需要金相分析的金属或零件上截取有代表性的金属块。取样方法因金属性能不同而不一样。硬度低的材料可用手锯切割；硬而脆的材料可锤击，或用砂轮切割机切割。不论采用哪种方法取样，取样过程均不得使试样温度升高，以免引起金属组织变化。金相试样的大小及形状一般不作具体规定，取直径为 10～20mm、高度小于 15mm 最合适。小试样则需用塑料粉或树脂镶嵌后使用。

2. 磨光

切好或镶好的试样在砂轮机上磨平，尖角要倒圆。先用砂布粗磨，之后用金相砂纸逐级细磨，均得先用粗号砂纸，后用细号砂纸，依次进行磨制。磨制试样时，每换一号砂纸，磨面磨削的方向应与前号砂纸磨削方向垂直，便于观察原来磨痕的消除情况。这项规定必须严格遵守。如果总是沿着一个方向磨，或是漫无方向地磨，就很难保证在使用更细一号砂纸时能完全去除前一号砂纸遗留下来的磨痕。而且，给试样施加的压力要适当。

3. 抛光

抛光的目的是去除磨面上的磨痕而获得光滑的镜面。其方法有机械抛光、电解抛光和化学抛光。应用最多的是机械抛光。机械抛光在机械抛光机上进行。抛光机由电动机带动着水平圆盘旋转，盘上铺细帆布和绒布等。粗抛在帆布上进行，细抛在绒布上进行，往抛光布上不断地滴入抛光液。抛光液是 Al_2O_3、MgO 或 Cr_2O_3 等极细粒度的磨料在水中的悬浮液。抛光时要抓紧试样，但压力不要太大，一直抛到表面明亮如镜。抛光后的试样，放在金相显微镜上观察，只能看到光亮的磨面和非金属夹杂物，或石墨、裂纹。

4. 浸蚀

为了显示试样的显微组织，必须对试样表面进行腐蚀。金相试样浸蚀的方法有化学浸蚀法、电解浸蚀法和热染法等。常用的是化学浸蚀法，钢铁材料常用的浸蚀剂为 3％～4％硝酸酒精溶液（或 4％苦味酸酒精溶液）。经浸蚀后的试样用清水冲洗，然后用酒精擦净，再用吹风机吹干，即可在金相显微镜下观察和分析研究。

金相显微镜是观察金属磨面金相组织的光学仪器，是利用物镜、目镜将金属磨面放大一定倍数（40～1000 倍），观察金属内部组织的装置。其种类和形式很多，常见的有台式、立式和卧式三类。

金相显微镜是精密光学仪器，使用时要特别细心。自制的金相试样在浸蚀前与浸蚀后要分别进行观察。观察时接通电源，观察结束后，应立即关闭电源。操作时，严禁用手直接触摸镜头和其它光学部件。试样要清洁、干燥，不得有残留酒精和浸蚀剂，以免腐蚀物镜。

三、仪器和试剂

1. 仪器

铝合金薄片	3	片砂轮机	1台
吹风机	1台	玻璃板抛光机	1台
金相显微镜	2台	夹子、脱脂棉、金相砂纸	若干

2. 试剂

硝酸	A. R.	酒精	A. R.
抛光液、吸水纸	若干		

四、实验步骤

① 打开显微镜开关，调节光强度，调节物镜倍率。

② 在试样台上放上待测样品，反复练习聚焦，直到熟练掌握。

③ 反复改变孔径光阑、视场光阑的大小，加或不加滤光片，观察同一视场映像的清晰程度。

④ 将同一试样分别放在明场照明和暗场照明显微镜上进行对比观察，并画出所观察的组织图。

⑤ 借助物镜测微器确定目镜测微器的格值，并按要求对组织进行实地测量。

⑥ 磨样，领取待磨铝合金试样，用砂轮机粗磨，用金相砂纸细磨，进行机械抛光。

⑦ 浸蚀前观察，对抛光后洗净、吹干的试样进行浸蚀前的检查。

⑧ 浸蚀，将抛光合格的试样置于浸蚀剂中浸蚀。

⑨ 观察金相组织，对浸蚀后的试样进行观察，联系化学浸蚀原理对组织形态进行分析。如浸蚀程度过浅，可重新浸蚀；若过深，待重新抛光后才能浸蚀；若变形层严重，反复抛光、浸蚀1～2次后再观察组织清晰度的变化。

五、实验结果和处理

实验结果所得试样的金相显微组织：

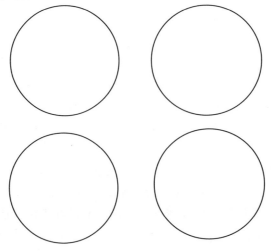

六、思考题

1. 腐蚀液为什么优先腐蚀晶界而不是晶粒内部？
2. 金相显微镜观察的是合金组织还是相？
3. 磨光过程为什么要完全去除前一号砂纸遗留下来的磨痕？

七、参考文献

［1］ 李炯辉编. 金属材料金相图谱［M］. 北京：机械工业出版社. 2006.

实验5　金属材料的洛氏硬度测试

一、实验目的

1. 熟悉洛氏硬度测定的基本原理和硬度值表示方法。
2. 熟悉洛氏硬度测定的应用范围。
3. 掌握洛氏硬度计的主要结构及操作方法。

二、实验原理

金属材料的硬度可以认为是金属材料表面局部区域在接触应力作用下抵抗塑性变形或破裂的能力。由于在金属表面以下不同深处材料所承受的应力和所发生的变形程度不同，因而硬度值可以综合反映压痕附近局部体积内金属的弹性、微量塑变抗力、塑变强化能力以及大量形变抗力，是表征材料性能的一个综合参量。硬度值越高，表明金属抵抗塑性变形能力越大，材料产生塑性变形就越困难。另外，硬度与其它力学性能（如强度指标 σ_b、塑性指标 ψ 和 δ）之间有一定的内在联系。所以，从某种意义上说，硬度的大小对于机械零件或工具的使用性能及寿命具有决定性意义。

硬度测试方法很多，有压入法、弹性回跳法、划痕法。压入法就是一个很硬的压头以一定的压力压入试样的表面，使金属产生压痕，然后根据压痕的大小来确定硬度值。压痕越大，则材料越软；反之，则材料越硬。根据压头类型和几何尺寸等条件的不同，常用的有布氏、洛氏和维氏硬度试验三种。

洛氏硬度试验法是用金刚石圆锥体压头或一定直径的钢球压头，在初始试验力 F_0 和主试验力 F_1 作用下，先后压入试件表面，在总试验力 $F(F_0+F_1)$ 作用下保持一定时间后，卸除主试验力 F_1，保持初试验力 F_0，根据残余压痕深度得出材料的硬度。洛氏硬度的大小是按压痕深度来测量的，可以由洛氏硬度计上的刻度盘指示出来，不需计算。每压入 0.002mm 为一个洛氏硬度单位。此种实验特点是硬度测试速度快，留下压痕小，被广泛用于检验试件的硬度。

洛氏硬度试验压头有两种：一种是顶角 120° 的金刚石圆锥，另一种是直径为 1.5875mm 的淬火钢球或 3.175mm 的淬火钢球。根据金属材料软硬程度不一，可选用不同的压头和载荷配合使用。具体选用范围见表 1-3。为了避免压头与试样接触不良而影响测量压痕印深度的准确性，洛氏法规定一律先加 98.07N 初始试验力 F_0。

表 1-3　洛氏硬度的试验范围

洛氏硬度标尺	硬度符号	压头类型	初始试验力 P_0/N	主试验力 P_1/N	总试验力 $P(P_0+P_1)/N$	洛氏硬度范围
A	HRA	金刚石圆锥	98.07	490.3	588.4	20～88
B	HRB	1.587mm 钢球	98.07	882.6	980.7	20～100
C	HRC	金刚石圆锥	98.07	1373	1471	20～70

三、仪器和试剂

1. 仪器

洛氏硬度计　　　1 台

2. 试剂

铝合金、灰口铸铁、白口铸铁、45 钢各 3 个样品。

四、实验步骤

① 根据试样预期硬度选择合适的压头和载荷，并装入试验机。

② 依次将铝合金，灰口铸铁，白口铸铁，45 钢四种试样放置在试样台上，将手轮顺时针旋转，使升降丝杆上升，压头渐渐接触试样，刻度盘指针开始转动。此时，小指针从黑点移到红点，与此同时，大指针转动三圈至零位 ±5HR 分度处，即停止上升。此时即已预加载荷 98.07N。

③ 微调刻度盘调零，HRA、HRC 零点为 0，HRB 零点为 30。

④ 揿按钮开关。

⑤ 指示照明灯从亮到熄，等保荷时间到第二次灯亮，指示灯停转，立即读出硬度测试值。HRA、HRC 读外圈黑刻度，HRB 读内圈红刻度。

⑥ 逆时针旋转手轮，取出试样，测试完毕。

五、实验结果和处理

金属材料的洛氏硬度测试结果：

铝合金硬度：_____，灰口铸铁硬度_____，

白口铸铁硬度：_____，45 钢硬度_____。

六、思考题

1. 洛氏硬度为什么要加一个 98.07N（10kgf）的初始压力？

2. 不同材料硬度不同的本质原因是什么？

七、参考文献

［1］ 刘春廷. 材料力学性能［M］. 北京：化学工业出版社. 2006.

八、附注

洛氏硬度测定的要求

① 根据被测定金属材料硬度高低，按表 1-3 选定压头和载荷。

② 试样在制备过程中，应尽量避免由于受热、冷加工等对试样表面硬度的影响。

③ 试样的试验面尽可能是平面，不应有氧化皮及其它污物。

④ 试样或试验层厚度应不小于压入深度的 10 倍。试验后，试样背面不得有肉眼可见变形痕迹。

⑤ 试样的试验面、支承面、试验台表面和压头表面应清洁。试样应稳固地放置在试验台上，以保证在试验过程中不产生位移及变形。

⑥ 在任何情况下，不允许压头与试验台及支座触碰。试验支承面、支座、和试验台工作面上均不得有压痕。

⑦ 试验时，必须保证试验力方向与试样的试验面垂直。

⑧ 在试验过程中，试验装置不应受到冲击和振动。

⑨ 施加初始试验力时，指针或指示线不得超过硬度计规定范围，否则应卸除初始试验力，在试样另一位置试验。

⑩ 达到要求的保持时间后，在 2s 内平稳地卸除主试验力，保持初始试验力，从相应的标尺刻度上读出硬度值。

⑪ 两相邻压痕中心间距离至少应为压痕直径的 4 倍，但不得小于 2mm。任一压痕中心距试样边缘距离至少应为压痕直径的 2.5 倍，但不得小于 1mm。

⑫ 在每个试样上的试验点数应不少于四点（第一点不记）。对大批量试样的检验，点数可适当减少。

实验6 塑料制品的拉伸、弯曲应力实验

一、实验目的

1. 测定工程常用塑料的拉伸和弯曲性能。
2. 了解三种典型塑料的拉伸应力-应变曲线。
3. 掌握电子万能实验机原理以及使用方法。

二、实验原理

聚合物种类较多，以工程常用的塑料为例，按国家标准 GB 1040—1992 塑料拉伸性能试验方法，来测定塑料拉伸强度、拉伸断裂应力、拉伸屈服应力、偏置屈服应力、断裂伸长率等力学性能指标。三种典型塑料的拉伸应力-应变曲线如图 1-2 所示。

按国家标准规定试验的加载速度设有以下九种：1mm/min（±50%）、2mm/min（±20%）、5mm/min（±20%）、10mm/min（±20%）、20mm/min（±10%）、50mm/

min（±10％）、100mm/min（±10％）、200mm/min（±10％）、500mm/min（±10％）。试验时选取的加载速度，应为使试样能在0.5～5min试验时间内断裂的最低速度。

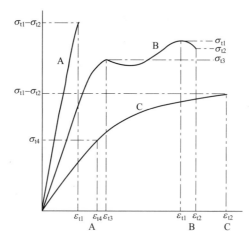

图 1-2　塑料拉伸应力-应变曲线

σ_{t1}—拉伸强度；ε_{t1}—拉伸强度时的应变；σ_{t2}—拉伸断裂应力；ε_{t2}—拉伸断裂时的应变；

σ_{t3}—拉伸屈服应力；ε_{t3}—屈服时的应变；σ_{t4}—偏置屈服应力；ε_{t4}—偏置屈服时的应变；

A—脆性材料；B—具有屈服点的韧性材料；C—无屈服点的韧性材料

试验用试样的尺寸要求见图1-3、表1-4。

表 1-4　拉伸试样的尺寸要求

符号	名称	尺寸	公差	符号	名称	尺寸	公差
L	总长（最小）	150	—	W	端部宽度	20	±0.2
H	夹具间距离	115	±5.0	d	厚度①		—
C	中间平行部分长度	60	±0.5	b	中间平行部分宽度	10	±0.2
G	标距（或有效部分）	50	±0.5	R	半径（最小）	60	—

① 板材厚度$d\leqslant10$mm时，可用原厚为试样厚度；当厚度$d>10$mm时，应从两面等量机械加工至10mm，或按产品标准规定加工。

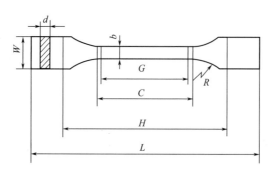

图 1-3　Ⅰ型试样

试验时应选定试验速度进行测试。记录屈服时的负荷或断裂负荷及标距间伸长。若试样断裂在中间平行部分之外时，此试样作废，另取试样补做。

弯曲试验有两种加载方法，一种为三点式加载法，另一种为四点式加载法。在本试验中主要采用三点式加载法。试验时，将一规定形状和尺寸的试样置于两支座上，并在支座的中点施加一集中负荷，使试样产生弯曲应力和变形。此方法是使试样在最大弯矩处及其附近破坏。

可采用注塑、模塑或由板材经机械加工制成的矩形截面的试样。试样的标准尺寸为80mm 或更长；（10±0.5）mm；（4±0.2mm）厚，也可以从标准的双铲形多用途试样的中间平行部分截取。若不能获得标准试样，则长度必须为厚度的 20 倍以上，试样宽度由表 1-5 选定。

表 1-5　试样宽度

标称厚度	$1<h\leqslant3$	$3<h\leqslant5$	$5<h\leqslant10$	$10<h\leqslant20$	$20<h\leqslant35$	$35<h\leqslant50$
宽度 b	5±0.5	10±0.5	15±0.5	20±0.5	25±0.5	30±0.5

试样厚度小于 1mm 时，不作弯曲试验，厚度大于 50mm 的板材，应单面加工到50mm，且加工面面向压头的方向，这样就会接近或消除其加工影响。对于各向异性材料应沿纵横方向分别取样，使试样的负荷方向与材料实际使用时所受弯曲负荷方向一致。

试验时应按要求调节试验跨度和试验速度。ISOB 标准规定：跨度应为试样厚度的15～17 倍，对于厚度较大的单向纤维增强材料试样，须采用较大的跨厚比（L/h）计算跨度，以避免因剪力使试样分层，对于很薄的试样，可采用较小的跨厚比计算跨度，以便能在试验机的能量范围内进行测定。

试验速度的选择，对于标准试样为（2.0±0.4）mm/min，对于非标准试样应依据下式计算得出：

$$V=SrL^2/6h$$

式中，V 为加荷压头与支座的相对移动速度，mm/min；Sr 为应变速率，每分钟为0.01，或按材料规格要求规定；L 为跨度，mm；h 为试样厚度，mm。

三、仪器和试剂

1.仪器

电子万能试验机	1 台	游标卡尺	1 把

2.试剂

哑铃型塑料试样、板条状塑料试样各 3 个样品。

四、实验过程

1.塑料的拉伸实验

① 首先对试样进行外观检查，确认试样表面无裂纹，给试样编号，测量试样工作部分的宽度和厚度，精确至 0.01mm。每个试样测量三点，取算术平均值。

② 用记号笔对样上被拉伸的平行部分作标线，测量两点距离，记作标距。

③ 熟悉电子万能试验机的结构，操作规程和注意事项。

④ 对试验机进行校准调试。

⑤ 开机：试验机—打印机—计算机。将所测量的样品宽度、厚度、标距、拉伸速度

等参数输入计算机。

⑥ 用夹具夹持试样时要使试样纵轴方向中心与上、下夹具中心连线相重合，并且松紧适宜，不能使试样在受力时滑脱或夹持过紧在夹口处损坏试样。夹持薄膜试样时要求在夹具内衬垫橡胶之类的弹性薄片。

⑦ 首先对试样进行预加载，消除夹具与样品之间的初始应变，按所选择的速度开动机器，进行拉伸试验。

⑧ 试样断裂后，测量两标记点的距离，输入计算机，待计算机处理完数据后，观测应力-应变曲线，记录相应的实验结果。若试样断裂在标距外的部位，则此次试验作废，另取试样补做。

2. 塑料的弯曲实验

① 试样编号，测量试样工作部分的宽度和厚度，精确至 0.01mm。每个试样测量三点，取算术平均值。

② 试验机的校准调试。

③ 开机：试验机—打印机—计算机。

④ 进入试验软件，选择好联机方向，选择正确的通信口，选择对应的传感器及引伸仪后联机。

⑤ 根据所选试样（主要是试样的跨厚比和长度）设置好极限位置；在试验软件内选择弯曲试验方案，进入试验窗口，输入"用户参数"。

⑥ 放置试样。放置试样时，确保试样与试样支柱平行，试样不宜固定。

⑦ 将上压头调在适当的位置，在软件界面上数据清零，开始试验。

⑧ 试验完成后，取下样品，重复 5 次试验。

⑨ 试验结束后，打印试验报告。

五、实验结果和处理

1. 拉伸实验结果

拉伸强度_____、弹性模量_____、断裂伸长率_____。

2. 弯曲实验结果

弯曲应力_____、弯曲模量_____。

六、思考题

1. 叙述塑料拉伸试验原理?

2. 为什么试验速度越快，断裂伸长率越低?

3. 为什么韧性较好的高分子材料一般不做弯曲性能实验?

4. 试比较与弯曲模量和拉伸模量有关的参数?

七、参考文献

[1] 刘春廷. 材料力学性能 [M]. 北京：化学工业出版社，2006.

[2] 聂毓琴. 材料力学 [M]. 北京：机械工业出版社，2009.

八、附注

① 每次设备开机后要预热 10min，待系统稳定后，才可进行实验工作；如果刚关机，需要再开机，至少保证 1min 的间隔时间。任何时候都不能带电插拔电源线和信号线，否则很容易损坏电气控制部分。

② 试验开始前，一定要调整好限位挡圈，以免操作失误损坏力值传感器。

实验7　高分子材料冲击强度的测定

一、实验目的

1. 掌握 XCJ-50 型冲击试验机的使用。
2. 测定聚丙烯、聚氯乙烯型材的冲击强度。

二、实验原理

国内对塑料冲击强度的测定一般采用简支梁式摆锤冲击实验机进行。试样可分为无缺口和有缺口两种。有缺口的抗冲击测定是模拟材料在恶劣环境下受冲击的情况。

冲击实验时，摆锤从垂直位置挂于机架扬臂上，把扬臂提升一扬角 α，摆锤就获得了一定的位能。释放摆锤，让其自由落下，将放于支架上的样条冲断，向反向回升时，推动指针，从刻度盘读数读出冲断试样所消耗的功 A，就可计算出冲击强度：

$$\sigma = \frac{A}{bd} \quad (\text{kg} \cdot \text{cm/cm}^2) \tag{1-5}$$

式中，b、d 分别为试样宽及厚，对有缺口试样，d 为除去缺口部分所余的厚度。从刻度盘上读出的数值，是冲击试样所消耗的功，这里面也包括了样品的"飞出功"，以关系式表示为：

$$WL(1-\cos\alpha) = WL(1-\cos\beta) + A + A_\alpha + A_\beta + \frac{1}{2}mV^2 \tag{1-6}$$

式中，W 为摆锤质量；L 为摆锤摆长；α、β 分别为摆锤冲击前后的扬角；A 为冲击试样所耗功；A_α、A_β 分别为摆锤在 α、β 时克服空气阻力所消耗的功（单位）；$\frac{1}{2}mV^2$ 为"飞出功"，一般认为后三项可以忽略不计，因而可以简写成：

$$A = WL(\cos\beta - \cos\alpha) \tag{1-7}$$

对于同一固定仪器，α、W、L 均为已知，因而可据 β 大小，绘制出读数盘，直接读出冲击试样所耗功。实际上，飞出功部分因试样情况不同，试验仪器情况不同而有较大差别，有时甚至占读数 A 的 50%。脆性材料，飞出功往往很大，厚样品的飞出功亦比薄样大。因而测试情况不同时，数值往往难以定量比较，只适宜同一材料，同一测定条件下的比较。

试样断裂所吸收的能量部分，表面上似乎是面积现象，实际上它涉及参加吸收冲击能的体积有多大，是一种体积现象。若某种材料在某一负荷下（屈服强度）产生链段运动，因而使参与承受外力的链段数增加，即参加吸收冲击能的体积增加，则它的冲击强度就大。

脆性材料一般多为劈面式断裂，而韧性材料多为不规整断裂，断口附近会发白，涉及的体积较大。若冲击后韧性材料不断裂，但已破坏，则冲击强度以"不断"表示。

因为测试在高速下进行，杂质、气泡、微小裂纹等影响极大，所以对测定前后试样情况须进行认真观察。

三、仪器与试剂

1. 仪器

XCJ-50 型冲击试验机　　　　1 台

2. 试剂

聚丙烯样条　　　　　　　3 个　　　　　聚氯乙烯样条　　　　　　3 个

① 试样长（120±2）mm，宽（15±0.2）mm，厚（10±0.2）mm。缺口试样：缺口深度为试样厚度的 1/3，缺口宽度为（2±0.2）mm，缺口处不应有裂纹。图 1-4 所示实验用 A、B 型缺口试样。

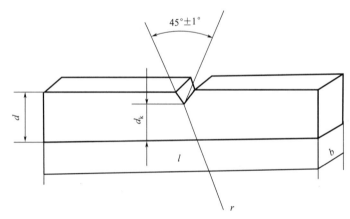

图 1-4　A、B 型缺口试样

l—长度；d—厚度；r—缺口底部半径；b—宽度；d_k—试样缺口剩余厚度

② 每个样品样条数不少于 5 个。

③ 单面加工的试样，加工面朝冲锤，缺口试样，缺口背向冲锤，缺口位置应与冲锤对准。

④ 热固性材料在（25±5）℃，热塑性塑料在（25±2）℃，相对湿度为（65±5）％的条件下放置不少于 16h。

⑤ 凡试样不断或断裂处不在试样三等分中间部分或缺口部分，该试样作废，另补试样。

四、实验步骤

① 据材料及选定试验方法，装上适当的摆锤（50J、30J、15J、7J、5J）。

② 检查和调整被动指针的位置，使摆锤在铅垂位置时主动指针与被动指针靠紧，指针指示的位置与最大指标值相重合。

③ 空击试验：以检查指针装配是否良好，空击值误差应在规定范围内。

④ 根据实际需要，调整支承刀刃的距离为 70mm 或 40mm。

⑤ 检查零点，且每做一组试样校准一次。

⑥ 放置样品。试样放置在托板上，其侧面应与支承刀刃靠紧，若带缺口的试样，应用 0.02mm 的游标卡尺找正缺口在两支承刀刃的中心。

⑦ 测量试样中间部位的宽和厚，准确至 0.05mm，缺口试样测量缺口的剩余厚度。

⑧ 冲击试验：上述完成后，可放摆试验，冲击后，从刻度盘上记录冲断功的数值。

五、实验结果和处理

① 观察并记录材料断裂面情况。

② 据冲断功计算冲击强度。算出各试样的平均值进行试样间比较。

六、思考题

1. 影响冲击强度的因素有哪些？

2. 如何从配方及工艺上提高塑料材料的冲击强度？

七、参考文献

[1] 陈泉水. 高分子材料实验技术 [M]. 北京：化学工业出版社. 2006.

实验8　聚合物应力松弛的测定

一、实验目的

1. 了解聚合物的应力松弛现象，加深对聚合物黏弹性质的认识。

2. 掌握应力松弛的原理。

3. 掌握使用应力松弛仪测定聚合物应力松弛曲线的方法。

二、实验原理

聚合物的力学性质是随时间的变化而变化的，这些变化称为力学松弛。根据聚合物受到外部作用情况的不同，我们可以观察到：应力松弛、蠕变、滞后和力学消耗等不同类型的力学松弛现象。

应力松弛是在恒定温度和形变保持不变的情况下，高聚物内部应力随时间增加而逐渐衰减的现象。聚合物的应力松弛，其根源在于聚合物的黏弹性质。线形聚合物受力作用，可能发生键长、键角以及整个分子链中不同运动单元的运动。其中键长、键角运动小于链段运动，链段运动小于整个大分子链的运动。处于玻璃态的聚合物，由于后两种运动难以发生，故松弛现象不明显；处于高弹态的聚合物，由于链段可以运动，在长时间的作用下，能通过链段运动达到整个大分子链的运动，因而松弛现象明显。当一个聚合物试样迅速被拉伸到固定总伸长时，总的形变包括分子链中原子间键角与键长的变化，原来处于卷

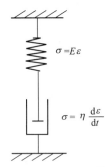

图 1-5　Maxwell 模型

曲状态的大分子链舒展，但是分子间的相对位移来不及发生。因固定了伸长，试样仍处于受力状态，随着时间的增加，柔性链分子因热运动而沿力作用的方向逐渐舒展和移动，消除了弹性形变产生的内应力，因而应力相对减少。随着时间继续增长，链段热运动具有回复大分子无卷曲的最可几状态的趋向，继续消除了高弹形变产生的内应力。经过足够长的时间，将达到大分子间的位移，即解缠绕。同时，热运动使大分子慢慢地转入另一种无规卷曲的平衡状态，即重卷曲，使固定的形变成为不可逆的形变。这样最终就消除了两种弹性形变的内应力。在聚合物的黏弹性理论中，应力松弛现象可用 Maxwell 模型来描述，如图 1-5。

此模型由两部分组成，一部分是服从 Hookes 定律的理想弹性体，即 $\sigma = E\varepsilon$；另一部分为服从 Newton 定律的理想黏性体，即 $\sigma = \eta \mathrm{d}\varepsilon / \mathrm{d}t$。

三、仪器和试剂

1. 仪器

| YS-1 型应力松弛仪 | 1 台 | 游标卡尺 | 1 个 |
| 直尺 | 1 个 | | |

2. 试剂

聚丙烯板材（规格：40mm×10mm×1.5mm）

聚乙烯板材（规格：40mm×10mm×1.5mm）

聚苯乙烯板材（规格：40mm×10mm×1.5mm）

四、实验步骤

① 开机预热 1h，待仪器和记录仪稳定后方可进行实验。

② 待恒温箱内温度稳定时，将试样分别用上下夹持器夹好，放入恒温箱内5～10min。

③ 待温度再次稳定后，打 5min 零点，此零点记为 0_1。

④ 按动绿色按钮，样品开始拉伸，当拉伸 20mm 时松开绿色按钮，实验正式开始。

⑤ 当可以求出松弛时间时，实验可以结束。按动红色按钮，样品回复，位移指示表指针指到 0 后松开绿色按钮，再次打 5min 零点，此零点记为 0_2。

五、实验结果和处理

拉伸强度：_____

拉伸力：_____

伸长率：_____

六、思考题

1. 确定零点：由于实验前后温度及其他因素的影响，零点产生漂移，故真正的零点 $0=(0_1+0_2)/2$。
2. 绘制 σ_t/σ_0-t 的应力松弛曲线。
3. 计算应力半衰期和应力松弛时间。

七、参考文献

[1] 谢邦互，杨鸣波，冯建民，李忠明，潘必纯，余钊，贾立蓉，钟蓉. 硬质聚氯乙烯给水管材料的应力松弛行为. 塑料工业，2001，29，31-33.
[2] 任艳军，关长斌. 改性三氧化二钇填充橡胶应力松弛行为研究. 世界橡胶工业，2008，35，22-25.

实验9 聚合物温度-形变曲线的测定

一、实验目的

1. 掌握测定聚合物温度-形变曲线的实验方法以及仪器的使用。
2. 掌握用分子运动论理论解释温度-形变曲线上各区域的知识。
3. 掌握计算聚甲基丙烯酸甲酯的杨氏模量，高弹态的初始弹性模量及缠结点间的平均分子量的方法。

二、实验原理

高分子链运动单元具有多重性，而且它们的运动具有温度依赖性。当外力一定时，聚合物在不同的温度范围可以呈现完全不同的力学特性。线形无定形聚合物有三种不同的力学状态。在温度足够低时，大分子链段的运动被"冻结"，外力的作用只能引起大分子链键长和键角的改变，此时聚合物处于玻璃态，表现出模量大、形变小的硬脆力学性质。当温度升高到一定值时，分子热运动的能量增加，使链段得以运动，此时聚合物处于橡胶态（高弹态），表现出模量小、形变大的质软而富有弹性的力学性质。当温度进一步升高到能使整个大分子链移动时，聚合物进入黏流态，在外力作用下形变急剧增加而且不可逆，如图1-6所示。

聚合物由玻璃态向高弹态的转变称为玻璃化转变，转变温度为玻璃化转变温度（T_g），由高弹态向黏流态转变的温度称为黏流温度（T_f）。T_g、T_f 是聚合物的重要物理指标，它们都可由温度-形变曲线定出。聚合物的许多结构因素变化如化学组成、分子量、结晶、交联、增塑和老化等，都会在曲线上得到反映，使曲线的形状、各转变温度具有明显的差异。

采用持续加力测得的形变值包含着两个相反的因素：样品的热膨胀与样品的蠕变及样品支架的热膨胀，若利用这一非真实的表观形变进行定量计算，有一定的误差。而采用间歇加力的方法可以对热膨胀和蠕变产生的形变误差进行修正。

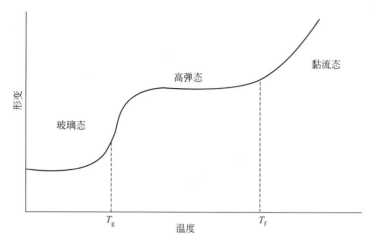

图 1-6　线形无定形聚合物的温度形变曲线

间歇加力的温度-形变曲线如图 1-7 所示，图中曲线的基线不在同一水平线上，其斜率为负值。这反映了样品的热膨胀，当温度升高至黏流态转变区，基线的斜率逐渐转变为负值，此时样品出现不可逆形变（作温度-形变曲线时此部分形变应予修正）。聚合物在玻璃态及高弹态的热膨胀系数不同，所以基线斜率也不同，在玻璃化转变区基线有明显的上升，这一现象是非特征性的，与样品制作技术有关。

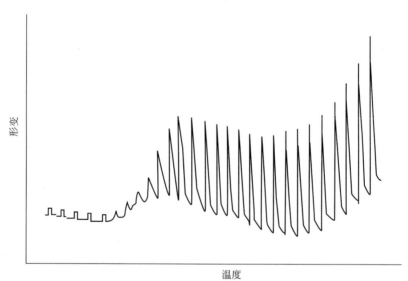

图 1-7　间歇加力温度-形变曲线

间歇加力曲线中的每一个周期反映了一次加力形变的情况。将其放大，可以清楚地看到每一次加力产生的形变与时间的关系，如图 1-8 所示。由于加力时间很短，在一次受力时间内，可近似地认为试样的温度不变，在玻璃态，如 50℃时只发生普弹形变，形变能瞬时完成，呈现矩形波，如图 1-8(a) 所示。在橡胶态即高弹态，如 145℃时，发生高弹形变，形变亦能很快达到平衡，呈现矩形波，如图 1-8(c)。而在玻璃态转变区，如 110℃时，由于链段运动松弛特性，形变滞后于应力，出现典型的推迟弹性形变图形，如图 1-8

（b）。因此，温度-形变曲线上这一转折点对应的温度定为 T_g，更能说明玻璃化转变温度的实性。在黏流转变区如 200℃，又出现推迟弹性形变图形，并且形变不能回复到基线，出现明显的不可逆形变，这形变随温度的升高而增加，如图 1-8(d)。

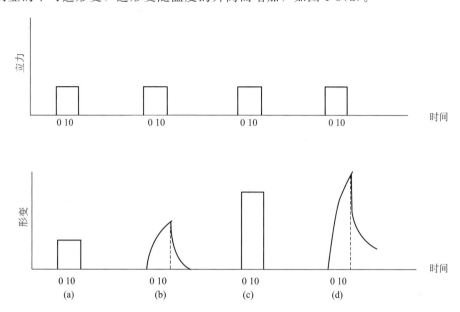

图 1-8　PMMA 样品在不同温度区的应力、应变、时间的对应关系

图 1-7 曲线中，表观形变与基线间的距离为真实形变，取其真实的压缩形变值对温度作图，同样能得到图 1-6 的曲线。从而利用该形变值计算玻璃态的杨氏模量及高弹态的初始弹性模量，并可利用橡胶状态方程式计算高弹态时单位体积中缠结点间链段的数目和平均分子量。

三、仪器和试剂

1. 仪器
温度-形变仪　　　　1 台

2. 试剂
聚甲基丙烯酸甲酯　　　　工业级

四、实验步骤

1. 准备工作
① 检查仪器电源线、仪器与计算机的数据电缆连接线是否连接正常。

② 检查控制板左下角电机控制区绿色时间开关和红色加热开关是否置为 0 位，即 0 位一侧按下。

③ 接通仪器电源，此时控制板右下角电源区的红色按钮亮，表明仪器通电正常，否则需要检查电源或仪器保险丝是否正常。

④ 按下控制板右下角电源区的绿色按钮，给仪器仪表通电，控制板上的温度仪表和位移仪表进入工作状态，显示所测得温度和位移的测量值。

⑤ 检查加力开关是否锁住，未锁住时控制板左下角电机控制区右侧的红色按钮灯亮，锁住后该按钮灯熄灭。

⑥ 打开计算机，启动测试软件。

2. 仪器的设置

① 设置时间双位控制参数。

② 设定升温速度控制参数。

③ 位移数据显示设置。

3. 放置检测样品

① 打开样品室：打开加力开关，控制板左下角电机控制区右侧的红色按钮灯亮，按下该按钮左侧的黄色按钮，样品室自动打开，到达一定位置后自动停止。

② 安装样品：测量 PMMA 样品的厚度和直径，置于两个石英样品台之间，然后整体放入样品室内的测量平台，使样品处于上下加力杆正中即可。

③ 关闭样品室：按下控制板左下角电机控制区左侧的黄色按钮，样品室自动闭合，到达一定位置后自动停止，锁住加力开关，电机控制区右侧的红色按钮灯熄灭。

④ 调整位移测量参数：调整仪器测量杆上的调节旋钮，将控制板上位移仪表中 PV 红色显示区显示的测量值调整约为 250 即可。

4. 应用软件操作设置

① 系统设置：通信端口为 COM2，波特率为 4800，数据记录间隔为 0 分钟，记录值选择 PV 值，即仪表显示区的 PV 显示值。

② 仪表设置：将位移量的上限和下限分别设定为"0"和"500"，即位移满量程时为 $500\mu m$，测量范围为 $0 \sim 500\mu m$。

③ 注意：关于软件中的其他设置请不要改动。

5. 开始测试

① 启动升温控制程序：按一下控制板温度仪表上的 RUN/HOLD 按钮，将电机控制区上方的加热开关置为"1"，观察仪表 PV 显示区实测温度的升温情况是否正常。

② 启动间歇加力：将电机控制区上方的时间开关置为"1"，可以看到控制板右上角时间双位控制仪表显示时间变化。

③ 启动数据采集：在测试软件页面选择显示/实时记录，点击选择页面左侧的位移选项，从右侧数据记录区可以看到数据记录曲线。

④ 当温度升高到 180℃时，按下温度仪表上 STOP 按钮停止程序升温（若没执行此操作，程序在达到温度后将会自动停止升温），分别将时间双位控制开关和加热控制开关置为"0"位。

⑤ 点击测试软件页面左上方的保存图形按钮，保存得到的数据。

6. 数据处理

① 根据实验得到的温度-形变实验图，画出间歇加力条件下的温度-形变曲线图，并和持续加力所得的 T_G 进行比较。用切线法求出 PMMA 的玻璃化转变温度 T_g；确定出 PMMA 的黏流温度 T_f；注意黏流态下曲线的修正。

② 计算压应力 σ 的大小；按照虎克定律计算玻璃态弹性模量 $E(E = \sigma/\varepsilon)$。

③ 运用橡胶状态方程 $\sigma = NkT(\lambda - \lambda^{-2})$（式中 $\lambda = 1 + \varepsilon$，$\varepsilon = \Delta L / L$），计算高弹态单位体积内缠结点之间链段的平均数目 N，进而计算缠结点之间链段的平均分子量 M_c，（$M_c = \rho N_A / N$，$\rho = 1.2\text{g/cm}^3$），高弹态的初始弹性模量 E_0（$E_0 = 3NKT$）。

7. 打印实验结果

将得到的实验结果图进行打印。

8. 关闭实验设备

① 当升温程序结束后，打开样品室，待冷却后取出样品，关闭样品室并锁住加力开关。

② 按下控制板上右下角电源区红色按钮，切断仪表电源。

③ 关闭仪器电源。

④ 关闭测试软件，关闭计算机，即可结束实验。

五、实验结果和处理

1. PMMA 的玻璃化转变温度 T_g _____；

PMMA 的黏流温度 T_f _____。

2. 高弹态单位体积内缠结点之间链段的平均数目 N _____，缠结点之间链段的平均分子量 M_c _____，高弹态的初始弹性模量 E_0 _____。

六、思考题

1. 聚合物的温度-形变曲线与分子结构有什么关系？

2. 聚合物的温度-形变曲线与分子运动有什么内在联系？用分子运动理论解释间歇加力温度-形变曲线各区段的形变特点。

3. 聚合物的温度-形变曲线有何实际意义？它受哪些实验因素的影响？如何才具有可比性？

4. 如何对高弹态以后的永久形变进行修正？

七、参考文献

[1] 张爽男，李景庆，田晓明，许晓秋. 间歇加力聚合物温度形变曲线测定仪的研制. 高分子通报，2004，2：103-108.

实验10 高聚物熔体流动特性的测定

一、实验目的

1. 了解高聚物流体的流动特性。

2. 掌握用毛细管流变仪测定高聚物熔体流动特性的实验方法和数据处理方法。

二、实验原理

高聚物熔体（或浓溶液）的流动特性，与高聚物的结构、相对分子量及相对分子量分布、分子的支化和交联有密切的关系。了解高聚物熔体的流动特性对于选择加工工艺条件和成型设备等具有指导性意义。高聚物流体多属于非牛顿流体，不同类型的流变曲线如图 1-9所示，并可用式(1-8) 表示它们之间的关系。

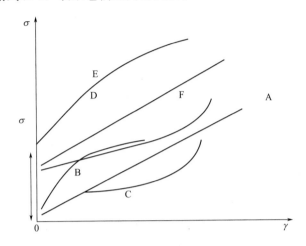

图 1-9　各种不同流体的流变曲线

A—牛顿流体；B—假塑性流体；C—胀塑性流体；D—宾汉塑性流体；

E—屈服-假塑性流体；F—屈服-胀塑性流体

$$D = (\sigma - \sigma_y)^n / \eta \qquad (1\text{-}8)$$

式中，D 为切变速率，也可用 $\mathrm{d}\gamma / \mathrm{d}t$ 表示，γ 是应变；σ 是切应力；σ_y 是屈服切应力；n 为非牛顿指数；η 是黏度。当 $n = 1$、$\sigma_y = 0$ 时，式(1-9) 就变成牛顿黏性流动定律：

$$D = \sigma / \eta \qquad (1\text{-}9)$$

用毛细管流变仪可以方便地测定高聚物熔体的流动曲线。高聚物熔体在一个无限长的圆管中稳流时，可以认为流体某一体积单元（其半径为 r，长为 l）上承受的液柱压力与流体的黏滞阻力相平衡，即：

$$\Delta p (\pi r^2) = \sigma (2\pi r l) \qquad (1\text{-}10)$$

式中，Δp 为此体积单元流体所受压力差。σ 为切应力：

$$\sigma = \Delta p r / 2l \qquad (1\text{-}11)$$

当压力梯度一定时，σ 随 r 增大而线性增大。在管壁处，即 $r = R$ 时，管壁切应力

$$\sigma_w = \Delta p R / 2L \qquad (1\text{-}12)$$

式中，R 和 L 是毛细管的半径和长；Δp 为流体流过毛细管长度 L 时所引起的压力降。

牛顿流体在毛细管中流动时，具有抛物线状的速度分布曲线。其平均流动线速度：

$$v = \Delta p R^2 / 8L\eta \qquad (1\text{-}13)$$

在 r 处的切变速率 D 为：

$$D = -\mathrm{d}v / \mathrm{d}r = \Delta p \gamma / 2L\eta \qquad (1\text{-}14)$$

对 r 积分（边界条件 $r = R$ 时，$v = 0$），可得流体的流动线速度 $V(r)$ 方程

$$V(r) = (\Delta p R^2 / 4PL)[1 - (r/R)^2] \qquad (1\text{-}15)$$

式(1-15) 对截面积分可得体积流速（Q）：

$$Q - \int_0^R V(r) 2\pi r \mathrm{d}r = \pi R^4 \Delta p / 8\eta L \tag{1-16}$$

由此可得著名的哈根-泊肃尔（Hagen-Poiseuille）黏度方程：

$$\eta = \pi R^4 \Delta p / 8QL \tag{1-17}$$

在毛细管壁处（$r = R$）的切变速率：

$$D_\mathrm{w} = (\mathrm{d}v / \mathrm{d}r) = \Delta p R / 2\eta L = 4Q / \pi R^4 \tag{1-18}$$

但高聚物流体一般不是牛顿流体，需作非牛顿改正，经推导得：

$$D_\mathrm{w}^{改正} = D_\mathrm{w}(3n+1)/4nD_\mathrm{w} \tag{1-19}$$

式中，n 为非牛顿指数

$$n = \mathrm{dlg}\sigma_\mathrm{w} / \mathrm{dlg}D_\mathrm{w} \tag{1-20}$$

可由未改正的流变曲线斜率求得。

高聚物的表观黏度可由下式计算：

$$\eta_\mathrm{a} = \sigma_\mathrm{w} / D_\mathrm{w}^{改正} \tag{1-21}$$

但是，在实际的测定中，毛细管的长度都是有限的，故式(1-11)应修正。同时，由于流体在毛细管入口处的黏弹效应，使毛细管的有效长度变长，也需对管壁的切应力进行改正，这种改正叫做入口改正。常采用 Bagley 校正：

$$\sigma_\mathrm{w}^{改正} = \Delta p / 2(L/R + e) \tag{1-22}$$

式中，e 即为是 Bagley 校正因子。e 的测定方法为：在恒定切变速率下测定几种不同长径比（$L/2R$）的毛细管的压力降 Δp，然后把 Δp-L/R 曲线外推至 $\Delta p = 0$，便可得到 e 值。比较式(1-12)与式(1-22)可得：

$$\sigma_\mathrm{w}^{改正} = \sigma_\mathrm{w} / (1 + Re/L) \tag{1-23}$$

一般毛细管较短时，入口效应不可忽略，当 L/R 增大（例如对于聚丙烯 $L/2R = 4.0$）时，则入口改正可忽略不计。

三、仪器和试剂

1. 仪器

XLY-Ⅱ型流变仪　　　　　1 台

毛细管（$R = 0.25\mathrm{mm}$，$L = 36\mathrm{mm}$；$R = 0.5\mathrm{mm}$，$L = 40\mathrm{mm}$）　　　各 10 根

2. 试剂

聚苯乙烯	工业级	聚丙烯	工业级
涤纶	工业级		

四、实验步骤

1. 试样处理

在测定流动曲线前试样，先真空干燥 2h 以上，以除去水分及其它挥发性杂质。

2. 流动速率曲线的测定

① 选择适当长径比的毛细管，从料筒下面旋上料筒中，并从料筒上面放进柱塞。

② 按照 XLY-Ⅱ型流变仪使用说明书接通控制器及记录仪的电源。

③ 选择实验温度（本实验依试样不同可选择190℃、230℃、260℃、290℃）和升温速度。

④ 待温度恒定后，从料筒中取出柱塞，放入约2g试样，放进柱塞，并使压头压紧柱塞。恒温10min后加压，记录流变速率曲线。

⑤ 改变负荷，重复上述操作。每个温度共做5～6个不同负荷下的流变速率曲线。再改变温度，重复上述操作。

⑥ 实验结束后，停止加热。趁热卸下毛细管，并用绸布擦净毛细管及料筒。

五、实验结果和处理

1. σ_w、δ_w、D_w 及 η_a 的计算

记录仪记录的是如图1-10的流动速率曲线，横坐标是柱塞下降量（柱塞下降全程2cm，记录笔移动记录纸25格）。柱塞下降所花费的时间，可由记录仪走纸速度 v 及走纸距离 a 计算，用直尺量得 a、b 的数值（以cm表示），则柱塞位移量为：

$$\Delta n(\text{cm}) = 2 \times b / 25 \tag{1-24}$$

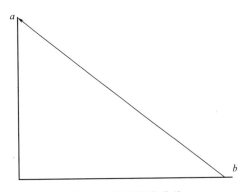

图1-10　流动速率曲线

时间为：

$$\Delta t(\text{s}) = a / v \tag{1-25}$$

挤出速度为：

$$V(\text{cm/s}) = \Delta n / \Delta t$$

因为柱塞头横截面积 $S = 1\text{cm}^2$，故熔体的体积流速为：

$$Q(\text{cm}^3/\text{s}) = VS = (\Delta n / \Delta t)S \tag{1-26}$$

代入式(1-18)可求出 D_w。再由式(1-12)计算 σ_w，由式(1-20)计算出非牛顿指数 n 后，再由式(1-19)计算 D_w 及式(1-21)计算表观黏度 η_a。

2. 绘制流动曲线

① 绘制 $\lg\sigma_w$-$\lg D_w$ 及 $\lg\eta_a$-$\lg D_w$ 双对数流动曲线，并从曲线的形状讨论高聚物试样的流动类型（注意：图上应标明测试温度及所用毛细管的长径比）。

② 在各种温度的 $\lg\eta_a$-$\lg D_w$ 曲线中，从某相同的切变速率下读取 η_a 值。再绘制等切变速率下的 $\lg\eta_a$-$1/T$ 关系曲线，并依式(1-27)从直线的斜率计算该试样的表观黏流活化能 ΔE_η。

$$\lg\eta_a = \lg A + \Delta E_\eta / RT \tag{1-27}$$

六、思考题

1. 如何从流动曲线上求出零剪切黏度 η_0，讨论 η_0 与聚合物分子参数的关系。
2. 测定表观黏流活化能 ΔE_η 有何意义？

七、参考文献

[1] 陈泉水. 高分子材料实验技术 [M]. 北京：化学工业出版社. 2006.
[2] 张留成，翟雄伟，丁会利. 高分子材料基础 [M]. 北京：化学工业出版社. 2011.

八、附注

① 水分使熔体产生气泡，影响流动过程，同时水还会引起降解。对缩聚物如涤纶尤其显著，因此，对于涤纶需要真空干燥 4h 以上。

② 每次放新高聚物时，应将料筒擦干净，因为残存的高聚物受热可能会降解。熔体黏度已发生变化。

③ 只能使用棉纱、绸布等柔软且耐热的东西擦净料筒，注意不要刮损料筒。

实验 11　聚合物熔点测定

一、实验目的

1. 了解显微熔点测定仪的工作原理。
2. 掌握显微熔点测定仪的使用方法。
3. 观察聚合物熔融的全过程。

二、实验原理

熔点是晶态聚合物最重要的热转变温度，是聚合物最基本的性质之一。因此，聚合物熔点的测定对理论研究及对指导工业生产都有重要意义。

聚合物在熔融时，许多性质都发生不连续的变化，如热容量、密度、体积、折射率、双折射及透明度等。具有热力学一级相转变特征，这些性质的变化都可用来测定聚合物的熔点。本实验通过在显微镜下观察聚合物熔融时透明度的变化，来测定聚合物的熔点，此法迅速、简便，用料极少，结果也比较准确，故应用很广泛。

将聚合物试样置于热台表面中心位置，盖上隔热玻璃，形成隔热封闭腔体，热台可按一定速度升温，当温度达到聚合物熔点时，可在显微镜下清晰地看到聚合物试样的某一部分的透明度明显增加并逐渐扩展到整个试样。热台温度用玻璃水银温度计显示。在样品熔化完瞬间，立即在温度计上读出此时的温度，即为该样品的熔点。仪器结构如图 1-11 所示。光学系统由成像系统和照明系统两部分组成，成像系统由目镜、棱镜和物镜等组成；

照明系统由加热台小孔和反光镜等组成。

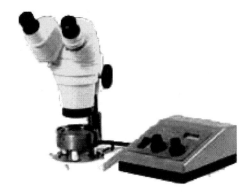

图 1-11　XT4 型显微熔点测定仪

三、试验仪器及试剂

1. 仪器

显微熔点测定仪　　　　　1 台

单面刀片、载玻片、盖玻片若干。

2. 试剂

聚乙烯　　　　　　　　分析纯　　　　　　　聚丙烯粒料　　　　　分析纯

四、实验步骤

① 插上电源，将控温旋钮全部置于零位。

② 仪器使用前必须将热台预热除去潮气，这时需将控温旋钮调置 100V 处，观察温度计至 120℃，潮气基本消除之后将控温旋钮调至零位。再将金属散热片置于热台中，使温度迅速下降到 100℃以下。

③ 取一片干净载玻片放在实验台台面上，用单面刀片从试样粒料上切下均匀的一小薄片试样，放在载玻片上，盖上盖玻片，用镊子将被测试样置于热台中央，最后将隔热玻璃盖在加热台的上台肩面上。

④ 旋转显微镜手轮，使被测样品位于目镜视场中央，以获得清晰的图像。

⑤ 将控温旋钮旋到 50V 处，由微调控温旋钮控制升温速度为 2～3℃/min，在距熔点 10℃时，由微调控温旋钮控制升温速度在 1℃/min 以内，同时开始记录时间和温度，2min 记录一次。

⑥ 当在显微镜中观察到试样某处透明度明显增加时，聚合物即开始熔融，记录此时的温度，并观察聚合物的熔融过程，当透明部分扩展到整个试样时，熔融过程即结束，将此时的温度记录下来，此温度即聚合物的熔点；而从刚开始熔融时的温度到熔点之间的温度段即为熔限。

⑦ 将金属散热片置于热台上，使热台温度迅速下降，当温度降到离高聚物熔点 30～40℃时，即可进行下次测量，重复测定三次。

⑧ 测定完毕，将控温旋钮与微调控温旋钮调至零位，再将物镜调起一定高度，拔下电源。

⑨ 清理实验台上的测试完试样，将实验工具摆放好，结束实验。

五、实验结果和处理（见表 1-6）

表 1-6　实验结果和处理

						开始熔融	熔融结束
1	时间					开始熔融	熔融结束
	温度/℃						
2	时间					开始熔融	熔融结束
	温度/℃						
3	时间					开始熔融	熔融结束
	温度/℃						
4	熔限/℃					熔点/℃	

六、思考题

① 聚合物熔融时为什么有一个较宽的熔融温度范围？
② 列举一些其他测定聚合物熔点的方法，并简述测量原理。

七、参考文献

[1] 张春庆，李战胜，唐萍等. 高分子化学与物理实验 [M]. 大连：大连理工大学出版社. 2014.

八、注意事项

① 实验过程中需用镊子夹取隔热玻璃和载玻片，以防烫伤。
② 样品切片过程应在载玻片上进行，不得在隔热玻璃上切割样品。
③ 实验结束后需待热台完全冷却后，方可盖上仪器罩。

实验12　聚合物的热重分析

一、实验目的

1. 学习热失重分析装置使用方法，控制装置的温度变化，并测量物质质量与温度变化的关系。

2. 掌握升温速率、失重速率的概念，绘制热重分析（TG）曲线，并进行一次微分计算，获得并解读热重微分曲线（DTG 曲线）。

二、实验原理

许多物质在加热或冷却过程中除了产生热效应外，往往有质量变化，其变化的大小及出现的温度与物质的化学组成和结构密切相关。因此，利用加热和冷却过程中物质质量变化的特点，可以区别和鉴定不同的物质。热重分析（Thermogravimetry，简称 TG）就是在程序温度下测量物质的质量与温度关系的一种技术。其特点是定量性强，能准确地测量物质的质量变化及变化的速率。目前，热重分析法广泛地应用在高分子科学领域，发挥着重要的作用。

热失重分析法包括两种：静态法和动态法。静态法又分等压质量变化测定和等温质量变化测定两种。等压质量变化测定又称为自发气氛热重分析，是在程序控制温度下，测量物质在恒定挥发物分压下平衡质量与温度关系的一种方法。该方法利用试样分解的挥发产物所形成的气体作为气氛并控制在恒定的大气压下，测量质量随温度的变化，其特点就是可减少热分解过程中氧化过程的干扰。等温质量变化测定是指，在恒温条件下测量物质质量与温度关系的一种方法。该法每隔一定温度间隔将物质恒温至恒重，记录恒温恒重关系曲线。该法准确度高，能记录微小失重，但比较费时。

动态法又称为非等温热重法，分为热重分析（TG）和微熵热重分析（Derivative thermogravimetry，简称 DTG）。热重和微熵热重分析都是在程序升温的情况下，测定物质质量变化与温度的关系。微熵热重分析又称为导数热重分析，是记录热重曲线对温度或时间的一阶导数的一种技术。由于动态非等温热重分析和微熵热重分析简便实用，有利于与 DTA、DSC 等技术连用，因此广泛用于热分析技术中。

热重分析仪分为热天平式和弹簧秤式两种。热天平与常规分析天平一样，都是称量仪器，但因其结构特殊，使其与一般天平在称量功能上有显著差别。它能连续、自动地进行动态称量与记录，并在称量过程中能按一定的温度程序改变试样的温度，而且试样周围的气氛也是可以控制或调解的。热重分析得到的是程序控制温度下物质质量与温度关系的曲线，即热重曲线，横坐标为温度或者时间，纵坐标为质量或失重百分数。微熵热重曲线的纵坐标为质量随时间的变化率，横坐标为温度或时间。DTG 曲线表明的是质量变化速率，峰的起止点对应 TG 曲线台阶的起止点，峰的数目和 TG 曲线的台阶数相等，峰位为失重（或增重）速率的最大值，与 TG 曲线的拐点相应。峰面积与失重量成正比，因此可从 DTG 的峰面积算出失重量。热失重表现出的变化率数值应该是负值，取其绝对值，表现失重的百分数。虽然微熵热重曲线与热重曲线所能提供的信息是相同的，但微熵热重曲线能清楚地反映出起始反应温度、达到最大反应速率的温度和反应终止温度，而且提高了分辨两个或多个相继发生的质量变化过程的能力。由于在某一温度下微熵热重曲线的峰高直接等于该温度下的反应速率，因此，这些值可方便地用于化学反应动力学的计算。

热失重分析法的实验结果也受到一些因素的影响，加之温度的动态特性和天平的平衡特性，使影响 TG 曲线的因素更加复杂，但基本上可以分为以下两类。

（1）仪器因素：升温速率、气氛、支架、炉子的几何形状、电子天平的灵敏度以及坩埚材料。

（2）样品因素：样品量、反应放出的气体在样品中的溶解性、粒度、反应热、样品装填、导热性等。

三、仪器和试剂

1. 仪器

热重分析仪　　1 台

2.试剂

聚丙烯　　　　　A. R.

四、实验步骤

① 打开电源开关，按仪器要求预热一段时间。调整保护气体，吹扫气体输出压力及流速并待其稳定。

② 将铂金坩埚刷净，挂于天平挂丝上，精确称量其质量。

③ 取下铂金坩埚，盛一定量的试样于坩埚内，挂于吊丝上，精确称量其质量。

④ 盖好挡热板，接通加热电源，调整时升温速度为10℃/min匀速升温，升温至设置温度，实验结束，关闭仪器。

五、实验结果和处理

根据实验测得的曲线，处理并分析数据。

六、思考题

升温速率对聚合物热失重有何影响？

七、参考文献

[1] 张春庆，李战胜，唐萍等. 高分子化学与物理实验［M］. 大连：大连理工大学出版社. 2014.

[2] 杨海洋等. 高分子物理实验［M］. 合肥：中国科学技术大学出版社. 2008.

实验13　密度法测定聚乙烯的结晶度

一、实验目的

1. 掌握密度法测定聚合物结晶度的基本原理和方法。
2. 掌握密度法测定聚乙烯的密度及计算其结晶度的方法。

二、实验原理

由于聚合物大分子链结构的复杂性，聚合物的结晶往往表现得不完善。如果假定结晶聚合物中只包括晶区和无定形区两部分，则定义晶区部分所占的百分数为聚合物的结晶度，用质量百分数 x_c 表示，则有：

$$x_c = \frac{晶区质量}{晶区质量 + 无定形区质量} \times 100\% \tag{1-28}$$

聚合物密度与表征内部结构规整程度的结晶度有着一定关系。通常把密度 ρ 看作是聚合物中静态部分和非晶态部分的平均效果。一般而言，聚合物结晶度越高，其密度也就越大。由于结晶高聚物只有晶相和非晶相共存结构状态，因而可以假定高聚物的比容（密度的倒数）是晶相的比容与非晶相的比容的线性加和：

$$\frac{1}{\rho} = \frac{1}{\rho_c} x_c + \frac{1}{\rho_a}(1-x_c) \tag{1-29}$$

若能得知被测高聚物试样完全结晶（即 100% 结晶）时的密度 ρ 和无定形时的密度 ρ_a，则可用测得的高聚物试样密度 ρ 计算出结晶度 x_c，即：

$$x_c = \frac{\rho_c(\rho-\rho_a)}{\rho(\rho_c-\rho_a)} \times 100\% \tag{1-30}$$

式(1-30)表明，只要测出聚合物试样的密度，即可求得其结晶度。

聚合物的密度 ρ 可用悬浮法测定。恒温条件下，在试管中调配一种能均匀混合的液体，使混合液体与待测试样密度相等。此时，试样便悬浮在液体中间，保持不浮不沉，再测定该混合液体的密度，即得该试样的密度。

三、仪器和试剂

1. 仪器

试管	4 支	滴液漏斗	1 个
滴管	4 支	玻璃棒	2 个
超级恒温槽	1 台	精密温度计	1 台
比重瓶	1 台		

2. 试剂

聚乙烯	工业级	去离子水	A.R.
乙醇	A.R.		

四、实验步骤

① 用接触点温度计调节水温至 $(25\pm0.1)℃$。

② 试管中加入质量百分浓度约为 50% 的乙醇水溶液，约至试管容积 1/3 处。然后放入待测样品 3 小粒，这时，样品均沉入管底。

③ 整个装置放在已恒温好的超级恒温槽内，在保持恒温的条件下，用滴液漏斗逐滴加入蒸馏水，同时，上下缓慢移动玻璃搅拌棒，使之混合均匀。至样品悬浮在溶液的中部，不浮也不沉，保持 0.5h，此时混合液体的密度即为该样品密度。

④ 用洁净干燥的滴管吸出约 60ml 混合液体至洁净干燥烧杯中待测密度。

⑤ 在分析天平上称得比重瓶的质量 W_0，然后取下瓶塞，灌满被测液体，放入恒温槽内。当温度达到平衡后盖上瓶塞，多余液体从毛细管溢出。用滤纸擦去毛细管口外的液滴，从恒温槽中取出并擦净瓶外液体，称出加液体后的质量 W_1。倒出瓶中的液体，用蒸馏水洗净后再装满蒸馏水，用同样的方法称得 W_2，则液体密度为：

$$\rho = \frac{W_1-W_0}{W_2-W_0} \times \rho_2 \tag{1-31}$$

式中，ρ_2 为测量温度时纯水的密度。

⑥ 根据式(1-31)计算聚乙烯密度；利用式(1-30)算出聚乙烯结晶度 x_c。

五、实验结果和处理

① 样品的密度。

② 比重瓶的质量 W_0，加液体后的质量 W_1，装满蒸馏水的质量 W_2。

③ 聚乙烯密度，聚乙烯结晶度 x_c。

六、思考题

1. 结晶高聚物的密度 ρ_c 可如何得到？

2. 结晶度的高低对聚合物性质有什么影响？

3. 密度法测聚合物结晶度，影响测量结果的因素有哪些？

4. 密度法测结晶度对样品有何要求。

七、参考文献

[1]　徐端夫. 聚乙烯结晶度的测定. 高分子通讯，1959，2：89-125.

实验14　黏度法测定高聚物的相对分子质量

一、实验目的

1. 掌握黏度法测定高聚物相对分子质量的基本原理。
2. 学习和掌握用乌式黏度计测定高分子溶液黏度的实验技术以及实验数据的处理方法。

二、实验原理

线形高分子溶液的基本特点之一是黏度比较大，并且其黏度值与平均相对分子质量有关，利用这一点可以测定高聚物的平均相对分子质量。

在高聚物的研究中，相对分子质量是一个不可缺少的重要数据。因为它不仅反映了高聚物分子的大小，并且直接关系到高聚物的物理性能。但与一般的无机物或低分子有机物不同，高聚物多是相对分子质量不等的混合物，因此通常测得的相对分子质量是一个平均值。高聚物相对分子质量的测定方法很多，比较起来，黏度法设备简单，操作方便，有很好的实验精度，是常用的方法之一。

1. 特性黏度与高聚物相对分子质量的关系

$$[\eta] = K\overline{M}_\eta^\alpha$$

式中，$\overline{M}_\eta$ 为高聚物的黏均相对分子质量；K、α 为经验常数，它们的值与高聚物-溶剂体系及温度有关，与高聚物相对分子质量的范围也有一定的关系。

2. 黏度测定

对于高分子溶液的黏度测定，以毛细管黏度计最为方便。液体在毛细管中因自身重力作用而向下流动时的关系式为：

$$\eta = \frac{\pi h g R^4 t \rho}{8LV} - \frac{mV\rho}{8\pi Lt}$$

$$\frac{\eta}{\rho} = At - \frac{B}{t}$$

第二项代表重力的一部分转化成了流出液体的动能，称为"动能修正项"。

$$\eta_r = \frac{\rho}{\rho_0} \times \frac{At - \dfrac{B}{t}}{At_0 - \dfrac{B}{t_0}}$$

式中，ρ_0、t_0 分别表示纯溶剂的密度和流出时间。当毛细管太粗，使溶剂流出时间小于100s，或者溶剂的比密黏度（η/ρ）太小时，必须考虑动能修正项。因为所测高分子溶液的浓度通常很稀（$C < 0.01\text{g/ml}$），溶液的密度与溶剂的密度近似相等（$\rho \approx \rho_0$），所以可以简化为：

$$\eta_r = \frac{t}{t_0}$$

3. "一点法"求特性黏度

对于一般的线形柔性高分子-良溶剂体系，$k' \approx 0.3 \sim 0.4$，$k' + \beta \approx 1/2$，联立式可得到一个"一点法"计算特性黏度的公式：

$$[\eta] \approx \frac{1}{c}\sqrt{2(\eta_{sp} - \ln\eta_r)}$$

而对于一些支化或刚性高分子-溶剂体系，$k' + \beta$ 偏离 $1/2$ 较大，此时可令 $\gamma = k'/\beta$，并假设与相对分子质量无关，可推得另一个"一点法"计算特性黏度的公式：

$$[\eta] \approx \frac{\eta_{sp} + \gamma\ln\eta_r}{(1+\gamma)c}$$

在某一温度下，先用稀释法确定 γ 值，之后就可通过式子用"一点法"计算相对分子质量。

三、仪器和试剂

1. 仪器

乌式黏度计	1套	恒温水浴装置	1套
分析天平	1套	玻璃仪器气流烘干器	1套
秒表	1个	容量瓶 25ml	6只
砂芯漏斗（2号）	1个	吸耳球	1个
量筒 100ml	1只		

2. 试剂

环己酮	A. R.	聚氯乙烯	A. R.

四、实验步骤

① 打开恒温水浴装置的电源，开动搅拌器，使所显示的水浴温度恒定在 25℃±0.1℃。

② 溶剂准备。用一洁净干燥的 50ml 量筒量取环己酮溶液 45ml 左右，静止恒温放置一会。

③ 用分析天平准确称取聚氯乙烯试样 0.2g 左右，全部倒入干燥洁净的 25ml 容量瓶中，从量筒中加入 15ml 环己酮到 25ml 容量瓶中，溶解摇匀后，用砂芯漏斗滤入另一个干燥洁净的 25ml 容量瓶中，再用少量环己酮少量多次地把第一个容量瓶和漏斗中的高聚物全部洗入第二个容量瓶里（共洗 3 次，但环己酮总用量不能超过 25ml），然后把装有聚氯乙烯溶液的第二个容量瓶挂在 25℃±0.1℃ 的恒温槽中，待溶液恒温后加入环己酮稀释至刻度。

④ 将乌式黏度计（见图 1-12）用夹子垂直地固定在水浴中，使水浴的水面浸没 B 管 a 线上方的球体。重新开启搅拌器。

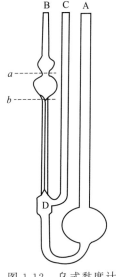

图 1-12　乌式黏度计

⑤ 用移液管移取 10ml 环己酮，从 A 管的管口注入黏度计中。恒温 10min。

⑥ 用弹簧夹夹住 C 管上的乳胶管使之不通气，用吸耳球从 B 管的管口将 A 管下部大球中的液体通过毛细管吸入毛细管上方的球体中，当液面到达 a 线上方球体中的一半时停止吸液，拿开吸耳球后迅速打开 C 管上的乳胶管夹，让空气进入 D 球，同时水平地注视 B 管中的液面下降，用秒表准确记录液面流经 a、b 两条刻线之间的时间，即为溶剂的流出时间。重复上述操作 3 次，3 次的平行数据相差不超过 0.2s，取其平均值作为 t_0 值。

⑦ 从恒温水浴中取出黏度计，将其中的溶剂倒入回收瓶中，用玻璃仪器气流烘干器将黏度计烘干。

⑧ 将烘干的黏度计重新装入恒温水浴中，用移液管移取 10ml 已经恒温的聚氯乙烯溶液从 A 管注入黏度计中，用和第⑥步骤中同样的方法测定该初始浓度（C_0）下溶液的流出时间 3 次，取其平均值作为 t。

⑨ 全部测定完毕后，将黏度计中的溶液倒入回收瓶中，用溶剂吸洗 3 次，然后用吹风机吹干，最后倒挂晾干。

⑩ 关闭恒温水浴装置的电源。整理好其他实验用品。

五、实验结果和处理

① 高聚物试样：_____　溶剂：_____

溶液初始浓度（C_0）：_____g/ml；水浴温度：_____℃。

② 溶剂的流出时间：_____s，_____s，_____s

平均值 t_0 = _____s。

③ 将测定出的不同浓度溶液的流出时间记录在表 1-7 中，并进行相关计算。

表 1-7　实验数据

流出时间/s		溶剂	溶液
	1		
	2		
	3		
	平均值		
η_r			
$\ln\eta_r$			
η_{sp}			

$$[\eta] \approx \frac{1}{c}\sqrt{2(\eta_{sp}-\ln\eta_r)}$$

④ 查出实验条件下的 K、α 值，计算出所测高聚物试样的黏均相对分子质量：

$$[\eta]=K\overline{M}_\eta^\alpha$$

六、思考题

① 黏度法测定高聚物相对分子质量有何优缺点？

② 影响黏度法测定相对分子质量准确性的因素有哪些？当把溶剂加入到黏度计中稀释原有的溶液时，如何才能使其混合均匀？若不均匀会对实验结果有什么影响？

③ 用"一点法"求相对分子质量有什么优越性？假设 k' 和 β 符合"一点法"公式的要求，则用 C_0 浓度的溶液测定的数据计算出的黏均相对分子质量为多少？它与外推法得出的结果相差多少？

④ 本实验所得结果是否令人满意？实验中出现了什么问题？其原因可能是什么？

七、参考文献

[1]　蒋挺大. 甲壳素 [M]. 北京：化学工业出版社，2003.
[2]　方昭芬. 橡胶工程师手册 [M]. 北京：机械工业出版社，2012.
[3]　孙尔康等. 物理化学实验 [M]. 南京：南京大学出版社，1998.

实验15　动态黏弹法测定聚合物的动态力学性能

一、实验目的

1. 了解聚合物黏弹特性，掌握从分子运动的角度来解释高聚物的动态力学行为。
2. 了解聚合物动态力学分析（DMA）原理和方法。
3. 学会使用动态力学分析仪测定多频率下聚合物动态力学温度谱。

二、实验原理

高聚物是黏弹性材料之一，具有黏性和弹性固体的特性。它一方面像弹性材料，具有贮存机械能的特性，这种特性不消耗能量；另一方面，它又像非流体静应力状态下的黏液，会损耗能量而不能贮存能量。当高分子材料形变时，一部分能量转变成位能，一部分能量变成热而损耗。能量的损耗可由力学阻尼或内摩擦生成的热证明。材料的内耗是很重要的，它不仅是性能的标志，而且也是确定它在工业上的应用和使用环境的条件。

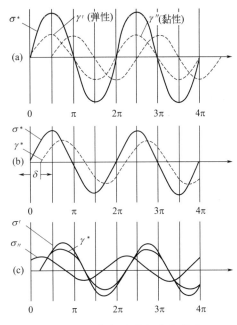

图 1-13　应力-应变相位角关系

　　如果一个外应力作用于一个弹性体，产生的应变正比于应力，根据虎克定律，比例常数就是该固体的弹性模量。形变时产生的能量由物体贮存起来，除去外力物体恢复原状，贮存的能量又释放出来。如果所用外力是一个周期性变化的力，产生的应变与应力同相位，过程也没有能量损耗。假如外应力作用于完全黏性的液体，液体产生永久形变，在过程中消耗的能量正比于液体的黏度，应变落后于应力90°，如图 1-13(a) 所示。聚合物对外力的响应是弹性和黏性两者兼有，这种黏弹性是由于外应力与分子链间相互作用，而分子链又倾向于排列成最低能量的构象。在周期性应力作用的情况下，这些分子重排跟不上应力变化，造成了应变落后于应力，而且使一部分能量损耗。图 1-13(b) 是典型的黏弹性材料对正弦应力的响应。正弦应变落后一个相位角 δ。应力和应变可以用复数形式表示如下：

$$\sigma^* = \sigma_0 \exp(i\omega t)$$
$$\gamma^* = \gamma_0 \exp[i(\omega t - \delta)]$$

　　式中，σ_0 和 γ_0 为应力和应变的振幅；ω 是角频率；i 是虚数。用复数应力 σ^* 除以复数形变 γ^*，便得到材料的复数模量。模量可能是拉伸模量和切变模量等，这取决于所用力的性质。为了方便起见，将复数模量分为两部分，一部分与应力同位相，另一部分与应力差90°的相位角，如图 1-13(c) 所示。对于复数切变模量

$$E^* = E' + iE''$$
$$E' = |E^*|\cos\delta \qquad E'' = |E^*|\sin\delta$$

　　显然，与应力同位相的切变模量给出样品在最大形变时的弹性贮存模量，而有相位差的切变模量代表在形变过程中消耗的能量。在一个完整周期应力作用内，所消耗的能量 ΔW 与最大贮存量 W 之比，即为黏弹性物体的特征量，叫做内耗，它与复数模量的直接关系为

$$\Delta W/W = 2\pi E''/E' = 2\pi\tan\delta$$

　　这里 $\tan\delta$ 称为损耗角正切。

　　聚合物的转变及松弛与分子运动有关。由于聚合物分子是一个长链的分子，它的运动有多种形式，包括侧基的转动和振动、短链段的运动、长链段的运动以及整条分子链的位

移等。各种形式的运动都是在热能量激发下发生的。它既受大分子内链段（原子团）之间的内聚力牵制，又受分子链间的内聚力牵制。这些内聚力都限制聚合物的最低能位置。在绝对零度，分子实际上不发生运动，然而随温度升高，不同结构单元开始热振动，并不断加剧。当振动的动能接近或超过结构单元内旋转位垒的热能值时，该结构单元就发生运动，如转动、移动等，大分子链各种形式的运动都有各自特定的频率。这种特定的频率是由温度和参加运动的结构单元的惯量矩所决定的。各种形式的分子运动便引起聚合物宏观物理性质发生变化而导致变化或松弛，体现在动态力学曲线上的就是聚合物的多重转变，如图 1-14 所示。

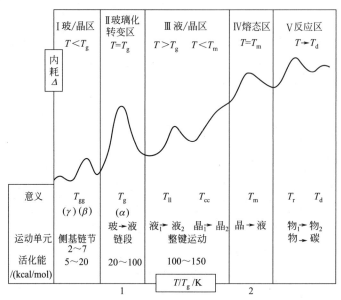

图 1-14　聚合物的多重转变示意图

1kcal＝4.1840kJ

在线形无定形高聚物中，按温度从低到高的顺序排列，有 5 种可能经常出现的转变。

① δ 转变。侧基绕着与大分子链垂直的轴运动。

② γ 转变。主链上 2～4 个碳原子的短链运动——沙兹基（Schatzki）曲轴效应（如图 1-14 所示）。

③ β 转变。主链旁较大侧基的内旋转运动或主链上杂原子的运动。

④ α 转变。由 50～100 个主链碳原子的长链段的运动。

⑤ T_{ll} 转变。液-液转变，是高分子量的聚合物从一种液态转变为另一种液态，两种液态都是高分子整链运动，表现为膨胀系数发生拐折。

在半结晶高聚物中，除了上述 5 种转变外，还有一些与结晶有关的转变，主要有以下转变。

① T_m 转变：结晶熔融（一级相变）。

② T_{cc} 转变：晶型转变（一级相变），是一种晶型转变为另一种晶型。

③ T_{ac} 转变：结晶预溶。

通常使用动态力学仪器来测量材料形变对振动力的响应、动态模量和力学损耗。其基本原理是，对材料施加周期性的力并测定其对力的各种响应，如形变、振幅、谐振波、波的传播速度、滞后角等，从而计算出动态模量、损耗模量、阻尼或内耗等参数，分析这些参数变化与材料结构（物理的和化学的）的关系。动态模量 E'、损耗模量 E''、力学损耗 $\tan\delta = E''/E'$ 是动态力学分析中最基本的参数。

三、仪器和试剂

1. 仪器
动态力学分析仪   1 台

2. 试剂
聚甲基丙烯酸甲酯   长方形样条 3 个。

试样尺寸要求：长 $a = 35 \sim 40\text{mm}$；宽 $b \leqslant 15\text{mm}$；厚 $h \leqslant 5\text{mm}$。准确测量样品的宽度、长度和厚度，各取平均值记录数据。

四、实验步骤

1. 仪器校正
包括电子校正、力学校正、动态校正和位标校正，通常只作位标校正。将夹具（包括运动部分和固定部分）全部卸下，关上炉体，进行位标校正（Position calibration），校正完成后炉体会自动打开。

2. 夹具的安装、校正
包括夹具质量校正、柔量校正。按软件菜单提示进行。

3. 样品的安装
放松两个固定钳的中央锁螺，按"FLOAT"键让夹具运动部分自由。

用扳手起可动钳，将试样插入跨在固定钳上，并调正；上紧固定部位和运动部位中央锁螺的螺钉。

按"LOCK"键以固定样品的位置。

取出标准附件木盒内的扭力扳手，装上六角头，垂直插进中央锁螺的凹口内，以顺时针用力锁紧。对热塑性材料建议扭力值 $0.6 \sim 0.9\text{N·m}$。

4. 实验程序
打开主机"POWER"键，打开主机"HEATER"键。

打开 GCA 的电源（如果实验温度低于室温的话），通过自检，"Ready"灯亮。

打开控制电脑，载进"Thermal Solution"，取得与 DMA2980 的连线。

指定测试模式（DMA、TMA 等 5 项中 1 项）和夹具。

打开 DMA 控制软件的"即时讯号"（Real time signal）视窗，确认最下面的"Frame Temperature"与"Air Pressure"都已"OK"。若有接 GCA，则需显示"GCA Liquid level：XX％ full"。

按"Furnace"键打开炉体，检视是否需安装或换装夹具。若是，请依标准程序完成夹具的安装。若有新换夹具，则重新设定夹具的种类，并逐项完成夹具校正（MASS/ZERO/COMPLIANCE）。若沿用原有夹具，按"FLOAT"键，依要领检视驱动轴漂动状况，以确定处于正常。

正确的安装好样品试样，确定位置正中没有歪斜。对于会有污染、流动、反应、黏结等顾忌的样品，需事先做好防护措施。有些样品可能需要一些辅助工具，才能有效地安装在夹具上。

5. 编辑测试方法，并存档

编辑频率表（多频扫描时）或振幅表（多变形量扫描时），并存档。

打开"Experimental Parameters"视窗，输入样品名称、试样尺寸、操作者姓名及一些必要的注解。指定空气轴承的气体源及存档的路径与文件名，然后载入实验方法与频率表或振幅表。

打开"Instrument Parameters"视窗，逐项设定好各个参数，如数据取点间距、振幅、静荷力、Auto-strain、起始位移归零设定等。

按下主机面板上面的"MEASURE"键，打开即时讯号视窗，观察各项讯号的变化是否够稳定（特别是振幅），必要时调整仪器参数的设定值（如静荷力与 Auto-strain），以使其达到稳定。

确定有了好的开始（Pre-view）后便可以按"Furnace"键关闭炉体，再按"START"键，开始正式进行实验。

只要在连线（ON-LINE）状态下，DMA2980 所产生的数据会自动的、一次次的转存到电脑的硬盘中。实验结束后，完整的档案便存到硬盘里。

假定不中途主动停止实验，则会依据原先载入的实验方法完成整个实验。假如觉得实验不需要再进行的话，可以按"STOP"键停止（数据有存档）或按"SCROLL-STOP"或"REJECT"键停止（数据不存档）。

实验结束后，炉体与夹具会依据设定的"END Conditions"回复其状态，若有设定"GCAAUTO Fill"，则之后会继续进行液氮自动填充作业。

将试样取出，若有污染则需予以清除。

6. 关机

按"STOP"键，以便贮存 Position 校正值。等待 5s 后，使驱动轴真正停止。关掉"HEATER"键。关掉"POWER"键，此时自然与电脑离线。关掉其他周边设备，如ACA、GCA、Compressor 等。进行排水（Compressor 气压桶、空气滤清调压器、GCA）。

五、实验结果和处理

根据测得的实验数据，处理并分析实验结果。

六、思考题

① 什么叫聚合物的力学内耗？聚合物力学内耗产生的原因是什么？研究它有何重要意义？

② 为什么聚合物在玻璃态、高弹态时内耗小，而在玻璃化转变区内耗出现极大？为什么聚合物从高弹态向黏流态转变时，内耗不出现极大值而是急剧增加？

③ 试从分子运动的角度来解释 PMMA 动态力学曲线上出现的各个转变峰的物理意义。

七、参考文献

［1］ 何曼君等. 高分子物理（修订版）［M］. 上海：复旦大学出版社，1990.
［2］ 刘振兴等. 高分子物理实验［M］. 广州：中山大学出版社，1991.
［3］ 潘鉴元等. 高分子物理［M］. 广州：广东科技出版社，1981.
［4］ 钱保功等. 高聚物的转变与松弛［M］. 北京：科学出版社，1986.

实验16　高聚物表观黏度和黏流活化能的测定

一、实验目的

1. 了解高聚物流体的非牛顿流体行为。
2. 了解 XLY-Ⅱ型毛细管流变仪的工作原理，掌握其使用方法。
3. 学会用 XLY-Ⅱ型毛细管流变仪测定热塑性聚合物的表观黏度和黏流活化能。

二、实验原理

高聚物熔体的流动特性强烈地依赖于聚合物本身的结构、分子量及其分布、分子的支化与交联、温度、压力、时间、作用力的性质和大小等外界条件的影响。了解高聚物熔体的流动特性对于选择加工工艺条件和成型设备等具有重要指导意义。

牛顿流动定律： $$\tau = \eta \dot{\gamma} \tag{1-32}$$

凡流动行为符合牛顿流动定律的流体，称为牛顿流体。牛顿流体的黏度仅与流体分子的结构和温度有关，与切应力和切变速率无关。典型的牛顿流体有水、甘油、高分子稀溶液等。

聚合物熔体和浓溶液并不符合牛顿流动定律，多属于非牛顿流体，如图 1-15 和图 1-16 所示。

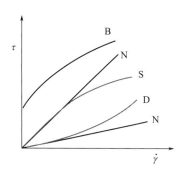

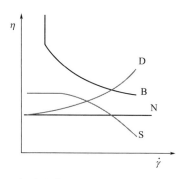

图 1-15　各种流体的流动曲线
N—牛顿流体；S—假塑性流体；
D—膨胀性流体；B—宾汉流体

图 1-16　各种流体的表观黏度与剪切速率的关系
N—牛顿流体；S—假塑性流体；
D—膨胀性流体；B—宾汉流体

幂律方程：$$\tau = K\dot{\gamma}^n \qquad (1\text{-}33)$$

$n=1$ 牛顿流体，$n<1$ 假塑性流体，$n>1$ 膨胀性流体。

本实验是在 XLY-Ⅱ型毛细管流变仪中进行的。毛细管流变仪使用最为广泛，优点是结构简单，可以在较宽的范围调节切变速率和温度，得到十分接近加工条件的流变学物理量。常用的切变速率范围为 $10^1 \sim 10^6\,\mathrm{s}^{-1}$，切应力为 $10^4 \sim 10^6\,\mathrm{N/m^2}$。除了可测定黏度外，还可以观察聚合物的熔体弹性和不稳定流动现象，可以方便地测定高聚物熔体的流动曲线。

图 1-17 为 XLY-Ⅱ型毛细管流变仪工作原理图。高聚物在料筒中被加热熔融，在一定负荷下，柱塞将高聚物熔体从毛细管挤出。电子记录仪记录温度、柱塞的下降位移和走纸距离、走纸速度，由负荷和柱塞的下降速度计算出切应力、切变速率和黏度等，进一步绘制流动曲线 $\lg\tau\text{-}\lg\dot{\gamma}$、$\eta_a\text{-}\dot{\gamma}$、$\eta_a\text{-}\tau$ 以及 $\eta_a\text{-}T$ 和黏流活化能。

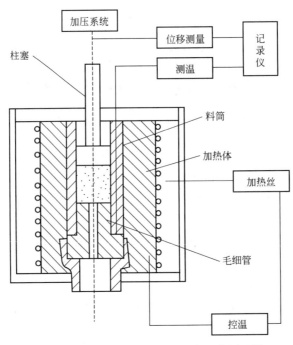

图 1-17　XLY-Ⅱ型毛细管流变仪工作原理图

当牛顿流体在一个无限长的毛细管（长度 L，半径 R）中稳定流动时，阻碍流动的黏流阻力与两端压差所产生的促使液柱流动的推动力相平衡，即

$$\pi r^2 \Delta p = 2\pi r L \tau$$

则：
$$\tau = \frac{\Delta P \gamma}{2L} \qquad (1\text{-}34)$$

当 $r=R$ 时，压差 Δp 可由所加负荷 F 求出，即

$$\Delta P = \frac{4F}{\pi d_p^2}$$

式中，d_p 为柱塞杆的直径。

当 $r=R$ 时，即管壁处的切应力为：

$$\tau_\omega = \frac{\Delta P R}{2L} = \frac{2RF}{\pi d_p^2} \tag{1-35}$$

因为牛顿流动定律：$\tau = \eta \dot{\gamma}$

则切变速率 $\dot{\gamma}$ 与压差 Δp 的关系为：

$$\dot{\gamma} = \frac{\Delta P r}{2\eta L} \tag{1-36}$$

当 $r = R$ 时，即管壁处的切变速率 $\dot{\gamma}_W$ 为：

$$\dot{\gamma}_W = \frac{\Delta P R}{2\eta L} \tag{1-37}$$

由 Hagen-Poiseuille 方程求体积流率 Q，即

$$Q = \frac{\pi R^4 \Delta P}{8\eta L} \tag{1-38}$$

将式(1-38)代入式(1-37)得：

$$\dot{\gamma}_W = \frac{\Delta P R}{2\eta L} = \frac{4Q}{\pi R^3} \tag{1-39}$$

又由于体积流率 Q 与柱塞杆的下降速度 V 的关系为

$$Q = \frac{\pi}{4} d_p^2 V \tag{1-40}$$

电子记录仪记录的如图 1-18 的流动速率曲线，可计算柱塞杆的下降速度 V

$$V = \frac{\Delta n}{\Delta t} \tag{1-41}$$

式中，横坐标 b（格数）可计算出柱塞的下降位移 Δn（柱塞下降 2cm，对应记录笔移动记录纸长 100 格）；纵坐标 a（cm）可计算走纸时间 Δt（由走纸距离即和走纸速度 v 计算）。

$$\Delta n\,(\mathrm{cm}) = \frac{b}{100} \times 2 \tag{1-42}$$

$$\Delta t\,(\mathrm{s}) = \frac{a}{v} \tag{1-43}$$

因为柱塞的横截面积 $S = 1\mathrm{cm}^2$，故熔体的体积流率 Q

$$Q = VS = \frac{\Delta n}{\Delta t} \tag{1-44}$$

因此，在流变仪口模尺寸和负荷给定的条件下，只要测出给定温度下熔体的体积流率，即可计算出相应的黏度值。

注意：XLY-II 型毛细管流变仪的毛细管规格直径 $D = 1\mathrm{mm}$，毛细管长度 $L = 40\mathrm{cm}$。其加压系统采用砝码加压和 1∶20 杠杆机构，所以每个小砝码提供负荷为 $10\mathrm{kgf/cm}^2$（98.0665kPa），每个中砝码提供负荷 $20\mathrm{kgf/cm}^2$，不加砝码时挂钩等为 $20\mathrm{kgf/cm}^2$。以上公式是在假定牛顿流体条件下推导的，但是实际高聚物流体并不是牛顿流体，因此需要进行非牛顿流体修正。

$$\eta_{\text{修正}} = \frac{4n}{3n+1} \times \eta_{\text{牛}} \qquad (1\text{-}45)$$

式中，n 为非牛顿指数，其值可由下式来表示

$$n = \frac{\mathrm{d}\lg\tau_{\mathrm{w}}}{\mathrm{d}\lg\gamma_{\mathrm{w}}} \qquad (1\text{-}46)$$

由上式可知，非牛顿指数 n 即为 $\lg\Delta p\text{-}\lg Q$ 曲线的切线的斜率，本实验每个实验点都需要进行非牛顿修正。

一般聚合物的熔体黏度与温度的关系可用 Arrhenius 方程来描述

$$\eta = A\,\mathrm{e}^{\Delta E_\eta/RT} \qquad (1\text{-}47)$$

式中，ΔE_η 为黏流活化能，分子间发生相对位移时所必需的能量，kJ/mol。高分子的黏流活化能仅取决于高分子链的柔顺性，与分子量、温度、切变速率和切应力无关。

将 Arrhenius 方程取对数，则有

$$\ln\eta = \ln A + \Delta E_\eta/RT \qquad (1\text{-}48)$$

因此，以 $\ln\eta\text{-}\dfrac{1}{T}$ 作图就可得到如图 1-19 所示的一条直线，从直线的斜率就可求出该聚合物的表观黏流活化能。

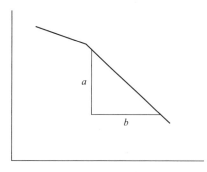

图 1-18　流动速率曲线

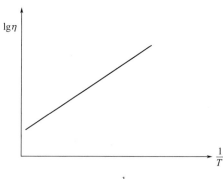

图 1-19　$\lg\eta\text{-}\dfrac{1}{T}$ 的关系图

三、仪器和试剂

1. 仪器

XLY-Ⅱ型毛细管流变仪	1 台	记录纸	2 张
手套	1 副		

2. 试剂

PS 树脂	工业级	PP 树脂	工业级
PE 树脂	工业级	PC 树脂	工业级

四、实验步骤

① 测试前聚合物样品真空干燥，除去水分。

② 选择适当长径比的毛细管，清洁干净后，从料筒下方旋上（要旋紧），料筒上面放入柱塞。

③ 接通 XLY-Ⅱ型毛细管流变仪及记录仪的电源。

④ 设定实验温度（快速升温），当温度升到所需温度时，用漏斗装入约 2g 试样，放进柱塞，并用压头压紧柱塞，压实后保温 10min，同时选好负荷压力和走纸速度（600mm/h 即可）。

⑤ 使压头下压，开始开启记录仪，记录流变速率曲线，每隔一定间隔加一砝码，每个温度做 5~6 个不同负荷下的流变速率曲线。再改变温度，重复上述实验。

⑥ 实验完成后，趁热将料筒和毛细管清理干净，最后切断电源。

五、实验结果和处理

① 记录不同温度和负荷下的原始数据，并绘制表格（见表 1-8）。

② 计算柱塞的下降位移和走纸时间，计算负荷和体积流率做 $\lg\Delta p$-$\lg Q$ 曲线，由曲线的切线的斜率确定非牛顿指数 n，每个实验点都需要进行非牛顿修正（见表 1-9）。

③ 计算出不同温度和负荷下的切应力、切变速率和黏度等，进一步绘制流动曲线 $\lg\tau$-$\lg\gamma$、η_a-γ、η_a-τ。

④ 在恒定切应力或恒定切变速率下，以 $\ln\eta - \dfrac{1}{T}$ 作图，从直线的斜率就可求出该聚合物的表观黏流活化能。

⑤ 原始数据记录

XLY-Ⅱ型毛细管流变仪的毛细管半径 $R=$ ____ mm，长度 $L=$ ____ cm；

记录仪的走纸速度 $v=$ ____ mm/h；柱塞的横截面积为 $S=$ ____ cm^2。

表 1-8　原始数据

树脂	温度 /℃	压力 Δp /(kgf/cm²)	横坐标 b /格数	纵坐标 a /cm	柱塞位移 Δn/cm	走纸时间 Δt/s	体积流率 Q/(cm³/s)
PP	190						
	200						
	210						

树脂	温度 /℃	压力 Δp /(kgf/cm²)	横坐标 b /格数	纵坐标 a /cm	柱塞位移 Δn/cm	走纸时间 Δt/s	体积流率 Q/(cm³/s)
PP	220						
PS	190						
	200						
	210						
	220						

表 1-9 数据处理结果

树脂	温度 /℃	$\lg\Delta p$	$\lg Q$	非牛顿指数 n	τ_w/Pa	$\dot{\gamma}_w$/s⁻¹	$\lg\tau_w$	$\lg\dot{\gamma}_w$	$\eta_{a牛}$/ Pa·s	$\eta_{a非牛}$/ Pa·s
PP	190									
	200									

树脂	温度 /℃	$\lg\Delta p$	$\lg Q$	非牛顿指数 n	τ_w/Pa	$\dot{\gamma}_w$/s^{-1}	$\lg\tau_w$	$\lg\dot{\gamma}_w$	$\eta_{a牛}$/ Pa·s	$\eta_{a非牛}$/ Pa·s
PP	210									
	220									
PS	190									
	200									
	210									
	220									

六、思考题

① 测定热塑性聚合物的表观黏度和黏流活化能有何实际意义？就流动性而言，PC 对温度更敏感，而 PE 对切变速率更敏感，为什么？成型加工如何设定它们的加工工艺参数？

② 本实验需要设定哪些实验条件和测哪些原始数据？

③ 示意绘出聚合物熔体在宽切变速率下的流动曲线，并用缠结理论作出解释。

④ 简述毛细管流变仪的工作原理。

七、参考文献

[1] 何曼君，张红东，陈维孝，董西侠. 高分子物理（第三版）[M]. 上海：复旦大学出版社，2007.

[2] 冯开才，李谷，符若文. 高分子物理实验 [M]. 北京：化学工业出版社，2004.

实验17　偏光显微镜法观察聚合物的形态

一、实验目的

1. 熟悉偏光显微镜的构造及原理，掌握偏光显微镜的使用方法。

2. 学习用熔融法制备聚合物球晶，观察不同结晶温度下得到的球晶的形态，测量聚合物球晶的半径。

二、实验原理

晶体和无定形体是聚合物聚集态的两种基本形式，很多聚合物都能结晶。结晶聚合物材料的实际使用性能（如光学透明性、冲击强度等）与材料内部的结晶形态、晶粒大小及完善程度有着密切的联系。因此，对于聚合物结晶形态等的研究具有重要的理论和实际意义。聚合物在不同条件下形成不同的结晶，比如单晶、球晶、纤维晶等，聚合物从熔融状态冷却时主要生成球晶，它是聚合物结晶时最常见的一种形式，对制品性能有很大影响。

球晶是以晶核为中心成放射状增长构成球形而得名，是"三维结构"。但在极薄的试片中也可以近似地看成是圆盘形的"二维结构"，球晶是多面体。由分子链构成晶胞，晶胞的堆积构成晶片，晶片迭合构成微纤束，微纤束沿半径方向增长构成球晶。晶片间存在着结晶缺陷，微纤束之间存在着无定形夹杂物。球晶的大小取决于聚合物的分子结构及结晶条件，因此随着聚合物种类和结晶条件的不同，球晶尺寸差别很大，直径可以从微米级到毫米级，甚至可以大到厘米。球晶分散在无定形聚合物中，一般说来无定形是连续相，球晶的周边可以相交，成为不规则的多边形。球晶具有光学各向异性，对光线有折射作用，因此能够用偏光显微镜进行观察。聚合物球晶在偏光显微镜的正交偏振片之间呈现出特有的黑十字消光图像。有些聚合物生成球晶时，晶片沿半径增长时可以进行螺旋性扭曲，因此还能在偏光显微镜下看到同心圆消光图像。

偏光显微镜的最佳分辨率为 200nm，有效放大倍数超过 500～1000 倍，与电子显微镜、X 射线衍射法结合可提供较全面的晶体结构信息。

光是电磁波，也就是横波，它的传播方向与振动方向垂直。但对于自然光来说，它的振动方向均匀分布，没有任何方向占优势。但是自然光通过反射、折射或选择吸收后，可以转变为只在一个方向上振动的光波，即偏振光。一束自然光经过两片偏振片，如果两个偏振轴相互垂直，光线就无法通过了。光波在各向异性介质中传播时，其传播速度随振动方向不同而变化，折射率值也随之改变，一般都发生双折射，分解成振动方向相互垂直、传播速度不同、折射率不同的两条偏振光。而这两束偏振光通过第二个偏振片时，只有在与第二偏振轴平行方向的光线可以通过。通过的两束光由于光程差将会发生干涉现象。

在正交偏光显微镜下观察，非晶体聚合物因为其各向同性，没有发生双折射现象，光线被正交的偏振镜阻碍，视场黑暗。球晶会呈现出特有的黑十字消光现象，黑十字的两臂分别平行于两偏振轴的方向。除了偏振片的振动方向，其余部分就出现了因折射而产生的光亮。图 1-20 是等规聚丙烯的球晶照片。

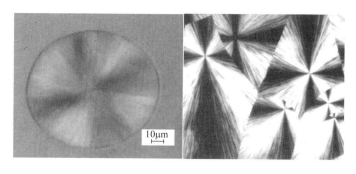

图 1-20 等规聚丙烯的球晶照片

在偏振光条件下，还可以观察晶体的形态，测定晶粒大小和研究晶体的多色性等。

三、仪器和试剂

1. 仪器

偏光显微镜 XPT-7（见图 1-21） 1 台　　　　压片机　　　　　　　　1 台
控温仪 1 台　　　　电炉　　　　　　　　1 台
盖玻片、载玻片、擦镜纸、镊子等若干。

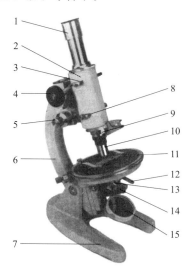

图 1-21　XPT-7 型偏光显微镜

1—目镜；2—镜筒；3—勃氏镜；4—粗动手轮；5—微调手轮；6—镜臂；7—镜座；8—上偏光镜；
9—试板孔；10—物镜；11—载物台；12—聚光镜；13—锁光圈；14—下偏光镜；15—反光镜

2. 试剂

聚丙烯薄膜或粒料　化学纯

四、实验步骤

1. 试样制备

切一小块聚丙烯薄膜或 1/5～1/4 粒料，放于干净的载玻片上，使之离开玻片边缘，在试样上盖一块盖玻片。

预先把压片机加热到 240℃，将聚丙烯样品在电热板上熔融（试样完全透明），加压成膜保温 2min，然后迅速转移到 50℃的热台使之结晶。把同样的样品在熔融后于 100℃和 0℃条件下结晶。

2. 调节显微镜

预先打开汞弧灯 10min，以获得稳定的光强，插入单色滤波片。

去掉显微镜目镜，起偏片和检偏片置于 90°。边观察显微镜筒，边调节灯和反光镜的位置，如需要可调整检偏片以获得完全消光（视野尽可能暗）。

3. 测量球晶直径

聚合物晶体薄片放在正交显微镜下观察，用显微镜目镜分度尺测量球晶直径，测定步骤如下。

首先，将带有分度尺的目镜插入镜筒内，将载物台显微尺置于载物台上，使视区内同时见两尺。

其次，调节焦距使两尺平行排列、刻度清楚，并使两零点相互重合，即可算出目镜分度尺的值。

最后，取走载物台显微尺，将预测的样品置于载物台视域中心，观察并记录晶型，读出球晶在目镜分度尺上的刻度，即可算出球晶直径大小。

五、实验结果和处理

① 记录制备试样的条件，简绘实验所观察到的球晶状态图。
② 写出显微镜标定目镜分度尺的标定关系，计算球晶的直径。
③ 讨论影响球晶生长的主要因素。

六、思考题

① 聚合物结晶过程有何特点？形态特征如何（包括球晶大小和分布、球晶的边界、球晶的颜色等）？结晶温度对球晶形态有何影响？
② 解释球晶在偏光显微镜中出现十字消光图像和同心圆消光图像的原因。
③ 为什么说球晶是多晶体？

七、参考文献

[1] 周智敏，米远祝等. 高分子化学与物理实验 [M]. 北京：化学工业出版社，2008.
[2] 杨海洋等. 高分子物理实验 [M]. 合肥：中国科学技术大学出版社，2008.

实验18　不同方法测定水溶性壳聚糖的脱乙酰度

一、实验目的

1. 了解水溶性壳聚糖的制备方法及其应用。
2. 掌握水溶性壳聚糖脱乙酰度的不同测定方法及应用。

二、实验原理

脱乙酰度（DD）是影响甲壳素、壳聚糖及其衍生物物化特性和生物活性功能的重要参数。壳聚糖的 DD 为壳聚糖分子中脱除乙酰基的糖残基数占壳聚糖分子中总糖残基数的百分数。就物理影响因素而言，有甲壳素、壳聚糖的溶解度，膜的抗张强度，膜的分离因子，螯合金属因子能力，促进药物透黏膜层的吸收作用。

水溶性壳聚糖可以由壳聚糖得到，是天然可生物降解的阳离子多糖。本实验利用壳聚糖在乙酸水溶液-甲醇-吡啶介质中反应制备水溶性壳聚糖，改变壳聚糖与乙酸酐的质量比、反应时间和温度，对反应进行了优化。利用碱量法（酸碱滴定法、电导滴定法、电位滴定法）测定不同产物的 DD。

酸碱滴定法是碱量法的一种，其原理是：壳聚糖中的自由氨基呈现碱性，与酸可以发生定量的质子化，形成壳聚糖胶体溶液，用标准碱滴定过量的酸，酸碱中和溶于过量酸的量与滴定用去的碱量之差，可以推算出与壳聚糖自由氨基结合的酸的量，从而得到待测壳聚糖中自由氨基的量。

电位滴定法的基本原理与酸碱滴定法的基本原理一样，也是先用过量的稀酸溶解待测壳聚糖，然后用标准碱滴定；其不同之处是，电位滴定法是通过溶液 pH 值的突跃来判定滴定终点的，这种方法滴定终点的判断比较准确。

壳聚糖中常含有吸附性的残碱或残酸，会影响壳聚糖 DD 测定的准确性，因而提出了双突跃电位滴定法。该方法根据滴定曲线中两个突变点间消耗标准碱的量，确定待测壳聚糖中自由氨基的量，可以有效地消除待测壳聚糖中吸附残碱或残酸的影响，使结果更为准确。

三、仪器和试剂

1. 仪器

集热式磁力加热搅拌器	1 台	pH 计	1 台
玻璃仪器气流烘干器	1 台	电导率仪	1 台
电子分析天平	1 台	电动搅拌器	1 台
循环水式多用真空泵	1 台	医用低速离心机	1 台

2. 试剂

无水乙醇	A. R.	盐酸	A. R.

氢氧化钠	A. R.	乙酸	A. R.
甲醇	A. R.		

四、实验步骤

1. 水溶性壳聚糖的制备

称取 3g 壳聚糖溶于 75ml 3％乙酸溶液中搅拌均匀，加入 150ml 甲醇完全不再黏稠后，加入 1.05ml 的乙酸酐溶液，在温度 25℃下反应 2h 后，停止反应。将反应所得到的黏稠液体加入到 300ml 无水乙醇中，生成沉淀，滤除固体，再用无水乙醇洗涤 3 次即可。把洗涤好的固体溶于适量的水中，滤去不溶物，向滤液中逐渐加入无水乙醇，析出大量的透明沉淀物，离心后于 50℃恒温干燥箱烘干得到浅黄色固体 W-CS-1。

2. DD 的测定

（1）酸碱滴定法　准确称取 0.25gW-CS-1，置于 250ml 的锥形瓶中，加入 20ml 0.1mol/L 这个浓度准确化盐酸标准溶液，在室温条件下搅拌至完全溶解，再加入 2～3 滴酚酞指示剂，用 0.1mol/L 氢氧化钠溶液滴定过量的盐酸，试液从无色变成红色为滴定终点，记录所需氢氧化钠的量，重复试验 3 次。

$$DD=[(C_1V_1-C_2V_2)\times0.016/G(100-W)\times0.0994]\times100$$

式中，C_1 为标准盐酸溶液的浓度，mol/L；V_1 为加入标准盐酸溶液的体积，ml；C_2 为标准氢氧化钠溶液的浓度，mol/L；V_2 为消耗标准氢氧化钠溶液的体积，ml；G 为待测壳聚糖的质量，g；W 为待测壳聚糖中水的百分含量，％；0.016 为与 1ml 1mol/L 盐酸溶液相当的自由氨基的量，g；0.0994 为壳聚糖中理论自由氨基的含量（16/161）。

（2）电导滴定法　准确称取 0.1gW-CS-1，置于 500ml 的烧杯内，加入 0.1mol/L 盐酸标准溶液 20.00ml，搅拌 0.5～1h 至完全溶解。再加入 200ml 去离子水溶解至均匀，用 0.5mol/L 氢氧化钠标准溶液返滴定，测定电导率值。每滴定 0.25ml 氢氧化钠标准溶液记录相应的电导率值，作出电导率随 NaOH 体积 V 变化的滴定曲线。

（3）电位滴定法　准确称取 0.2gW-CS-1，置于 100ml 的锥形瓶中，加入 20ml 0.1mol/L 盐酸标准溶液，在室温条件下搅拌至完全溶解，用 0.1mol/L 氢氧化钠标准溶液进行滴定，同时用 pH 计测定，每滴定 0.5ml 氢氧化钠标准溶液记录相应的 pH 值，作出 pH 值随 NaOH 体积 V 变化的滴定曲线。每个样品要重复试验 3 次。

（4）水分的测定　准确称取 0.25gW-CS-1 样品，置于 105℃恒温干燥箱内烘干恒重 12h 后称量，测定水分。

计算公式：　　　　水分＝$[(W_1-W_2)/(W_1-W_0)]\times100\%$

式中，W_1 为烘干前样品与称样皿的质量，g；W_2 为烘干后样品与称样皿的质量，g；W_0 为已恒重的称样皿的质量，g。

（5）热重分析　采用热重分析仪对样品进行热稳定性分析。

（6）红外光谱检测　采用 KBr 压片法，测定样品的红外光谱图。

五、实验结果和处理

① 计算不同方法测定不同样品的脱乙酰度大小。

② 试比较不同方法测定同一样品脱乙酰度的关系。

六、思考题

① 比较不同方法测定脱乙酰度的优缺点，并说明原因。

② 在电导滴定法中，有可能出现的误差有哪些？

七、参考文献

［1］ 朱婉萍. 甲壳素及其衍生物的研究与应用［M］. 杭州：浙江大学出版社 .2014.

［2］ 吴京平. 壳聚糖脱乙酰度酸碱滴定测定法的初步改进［J］. 北京联合大学学报（自然科学版），2003，17（3）：53-56.

［3］ 陈振宁，郭慎满. 碱量法测定壳聚糖中胺（氨）基方法的改进［J］. 化学通报，1990，10：42-43.

第2章

基本材料化学合成实验

2.1 无机材料

实验19 水热法制备氢氧化钴

一、实验目的

1. 学习和掌握水热制备方法的原理和操作。
2. 了解纳米形貌的测试手段。
3. 学习一种前驱体高温分解制备氢氧化物的方法，并掌握马弗炉的使用。

二、实验原理

水热法是19世纪中叶地质学家模拟自然界成矿作用而开始研究的。1900年后科学家们建立了水热合成理论，以后又开始转向功能材料的研究。目前用水热法已制备出百余种晶体。水热法又称热液法，属液相化学法的范畴。是指在密封的压力容器中，以水为溶剂，在高温高压的条件下进行的化学反应。水热法制备出的纳米晶，晶粒发育完整，颗粒之间团聚少，可以得到理想的化学计量组成材料。在水热法基础上，用有机溶剂代替水做介质，在新的溶剂体系中产生一种新的合成途径，即溶剂热法，能够实现通常条件下无法实现的反应，包括制备具有亚稳定结构的纳米微粒。使用非水溶剂合成技术能减少或消除硬团聚。通过改变反应条件，如反应温度、反应物浓度、反应时间、溶剂类型以及矿化液等，可以对产物的物相、尺寸和形貌进行调控。

钴，作为地球上资源储量丰富的元素之一，其单氧化物形式如四氧化三钴和氧化物具有高效的析氧催化活性，具有成本低、储量多以及催化性能好等优势。钴的氧化物、氢氧化物、氰化物以及钴的负载混合材料成为电化学领域新的研究热点。氢氧化钴添加到 $Ni(OH)_2$ 电极中，可提高电极的导电性和可充电性。本实验采用水热法合成 $Co(OH)_2$，探讨不同介质对合成的影响。

三、仪器和试剂

1. 仪器

电子天平	1 台	烘箱	1 台
反应釜及聚四氟乙烯内衬	4 套	烧杯	6 个

2. 试剂

$Co(CH_3COO)_2 \cdot 4H_2O$	A. R.	丙三醇	A. R.
无水乙醇	A. R.		

四、实验步骤

① 分别称取 0.25g、0.5g、1g 的 $Co(CH_3COO)_2 \cdot 4H_2O$ 溶于 22.5ml 水和 7.5ml 丙三醇的混合溶液中形成均匀溶液,将溶液转入 40ml 的水热反应釜中。放置烘箱中,加热升温,烘箱温度分别升到 150℃,在此保温 1~2h。

② 停止加热后,反应釜自然冷却到室温,离心分离得到的粉末样品,离心速度为 4000r/min,离心时间 2min。将产物加水后超声分散,离心分离,用滴管转移上层分离液,再用无水乙醇按上述操作洗涤 2~3 次,最后在 60℃烘箱中干燥,得到样品,观察产物颜色,称量,并计算产率。

五、实验结果和处理

不同浓度乙酸钴源得到的产物产率分析。

0.25g _____、0.5g_____、1g _____

六、思考题

① 不同浓度乙酸钴对反应有何影响?

② 水热反应釜为什么要自然冷却?

七、参考文献

[1] 牟文生. 无机化学实验 [M]. 第 3 版. 北京:高等教育出版社. 2014.

实验20 溶胶-凝胶法制备纳米二氧化锆

一、实验目的

1. 了解纳米粒性和物性。

2. 学习并掌握溶胶-凝胶法制备原理。

二、实验原理

溶胶-凝胶法(Sol-Gel 法,简称 SG 法)是一种条件温和的材料制备方法。SG 就是以无机物或金属醇盐作前驱体，在液相中将这些原料均匀混合，并进行水解、缩合化学反应，在溶液中形成稳定的透明溶胶体系。溶胶经陈化、胶粒间缓慢聚合，形成三维空间网络结构的凝胶，凝胶网络间充满了失去流动性的溶剂，形成凝胶。凝胶经过干燥、烧结固化制备出分子乃至纳米亚结构的材料。

SG 是将含高化学活性组分的化合物经过溶液、溶胶、凝胶而固化，再经热处理而成的氧化物或其它化合物固体的方法。近年来，溶胶-凝胶技术在玻璃、氧化物涂层和功能陶瓷粉料，尤其是传统方法难以制备的复合氧化物材料、高临界温度（P）氧化物超导材料的合成中均得到成功的应用。

ZrO_2 是锆的主要氧化物，通常状况下为白色无臭无味晶体，难溶于水、盐酸和稀硫酸。一般常含有少量的二氧化钛。化学性质不活泼，且具有高熔点、高电阻率、高折射率和低热膨胀系数的性质，使它成为重要的耐高温材料、陶瓷绝缘材料和陶瓷遮光剂，亦是人工钻的主要原料。能带间隙大约为 $5\sim7eV$。

以锆酸四丁酯为基本原料，先将锆醇盐溶解在溶剂中，通过搅拌和添加冰醋酸作为抑制剂，使之与锆酸丁酯反应形成螯合物，从而控制使锆酸丁酯均匀水解，减小了水解产物的团聚，得到颗粒细小且均匀的 $Zr(OH)_4$ 胶体溶液。在溶胶中加入去离子水，使胶体粒子形成一种开放的骨架结构。溶胶逐渐失去流动性，形成凝胶。将凝胶进一步干燥脱水后即可获得 ZrO_2。

锆酸四丁酯在酸性条件下，在乙醇介质中水解反应是分步进行的，总水解反应表示为下式，水解产物为含锆离子溶胶。

$$Zr(O\text{-}C_4H_9)_4 + 4H_2O \longrightarrow Zr(OH)_4 + 4C_4H_9OH$$

一般认为，在含锆离子溶液中钛离子通常与其它离子相互作用形成复杂的网状基团。上述溶胶体系静置一段时间后，由于发生胶凝作用，最后形成稳定凝胶。

$$Zr(OH)_4 + Zr(O\text{-}C_4H_9)_4 \longrightarrow 2ZrO_2 + 4C_4H_9OH$$

$$Zr(OH)_4 + Zr(OH)_4 \longrightarrow 2ZrO_2 + 4H_2O$$

三、仪器和试剂

1. 仪器

真空干燥箱	1 台	恒温磁力搅拌器	1 台
恒温水槽	1 台	马弗炉	1 台
研钵	1 支	量筒（10ml，50ml）	各 1 支
烧杯（100ml）	1 个		

2. 试剂

锆酸四丁酯	A. R.	无水乙醇	A. R.
冰醋酸	A. R.	盐酸	A. R.
去离子水			

四、实验步骤

① 室温下量取 10ml 锆酸四丁酯，缓慢滴入到 35ml 无水乙醇中，用磁力搅拌器强力

搅拌 10min，混合均匀，形成黄色澄清溶液 A。

② 将 4ml 冰醋酸和 10ml 蒸馏水加到另 35ml 无水乙醇中，剧烈搅拌，得到溶液 B，滴入 1～2 滴盐酸，调节 pH 值使 pH≤3。

③ 室温水浴下，在剧烈搅拌下将溶液 A 缓慢滴入溶液 B 中，滴速大约 3ml/min。滴加完毕后得浅黄色溶液，继续搅拌半小时后，40℃水浴加热，2h 后得到白色凝胶（倾斜烧瓶凝胶不流动）。

④ 置于 80℃下烘干，大约 20h，得黄色晶体，研磨，得到淡黄色粉末。

五、实验结果和处理

产品外观：_____

产量：_____

固含量：_____

六、思考题

① 实验中加入冰醋酸的目的是什么？

② 溶胶-凝胶过程包括水解和缩聚两个过程，本实验中涉及的水解和缩聚反应分别是什么？

③ 为何本实验中选用锆酸四丁酯 $[Zr(OC_4H_9)_4]$ 为前驱物，而不选用 $ZrCl_4$ 为前驱物？

七、参考文献

[1] 徐宪云，李翰祥，周迎春. 溶胶-凝胶法制备纳米二氧化锆 [J]. 辽宁化工，2007，36（10）：663-665.

[2] 余忠民，成晓玲，周立清，邓淑华，匡同春. 制备条件对纳米二氧化锆粉体粒度影响的探讨 [J]. 硬质合金，2002，19（2）：74-77.

八、附录

① 因锆酸四丁酯容易水解，如果仪器不是干燥的可能会引起锆酸四丁酯水解产生沉淀 $Zr(OH)_4$，将会导致实验失败，故本实验所有仪器必须干燥。

② 滴加溶液时需剧烈搅拌，防止溶胶形成过程中产生沉淀。

实验 21 沉淀法制备纳米级碳酸钙

一、实验目的

1. 了解化学方法制备纳米碳酸钙原理。

2. 熟悉纳米粉末表征方法。

二、实验原理

纳米碳酸钙的形成是一个结晶过程，方程式为：

$$CaO + H_2O \longrightarrow Ca(OH)_2, Ca(OH)_2 + CO_2 \longrightarrow CaCO_3 \downarrow + H_2O_{\circ}$$

随着 $Ca(OH)_2$ 中加入 CO_2，即碳化反应的进行，形成了 $CaCO_3$ 的过饱和溶液，由于局部温度起伏（碳化反应是放热反应）和浓度起伏而形成晶核。

在 $Ca(OH)_2$ 吸收 CO_2 形成 $CaCO_3$ 的过程中，化学反应极为迅速，整个反应的主要控制因素是晶核的形成和生长。在反应初期的过饱和溶液中，大量 $CaCO_3$ 均相成核，形成非晶态碳酸钙粒子，其活性极高，会吸附到 $Ca(OH)_2$ 颗粒周围。一方面，能降低 $Ca(OH)_2$ 与 CO_2 的反应速度，另一方面，利用 $Ca(OH)_2$ 颗粒形成中间体。由于非晶态 $CaCO_3$ 粒子的不稳定性，它们很快发生晶型转变，生成 $CaCO_3$ 晶粒。在此反应过程中，可加入添加剂使晶体稳定存在。随着反应的进行，线形中间体不断溶解、消失，晶粒就会不断生长，成为具有一定粒度和形貌的粒子。

在反应过程中，可控制的条件有：①氢氧化钙的浓度；②二氧化碳的加入量；③反应温度；④添加剂的种类、数量和添加时间；⑤搅拌速度等。

三、仪器和试剂

1. 仪器

二氧化碳钢瓶	1 个	三口瓶	1 个
导气管	2 根	浆式搅拌器	1 套
胶塞	2 根	恒温水浴	1 套
搅拌电机	1 套	调压器	1 套
抽滤装置	1 套	研磨钵	1 个
标准筛	1 个	pH 试纸	1 本

2. 试剂

二氧化碳	A. R.	氧化钙	A. R.
蒸馏水		乙二胺四乙酸	A. R.
三氯化铝	A. R.		

四、实验步骤

① 先将氧化钙（25g）与蒸馏水（1000g）在三口瓶中配成悬浮液，$CaO + H_2O \longrightarrow Ca(OH)_2$，该反应属于放热反应，充分搅拌后，过筛（200 目标准筛）。

② 过筛后，将产物重新倒入三口瓶中，待温度降至 30℃ 以下时，加入乙二胺四乙酸（EDTA）晶型控制剂，边搅拌边通入二氧化碳气体进行碳化反应，反应温度控制在 $10\sim30℃$。

③ 待溶液呈黏稠状时，加入 0.5g $AlCl_3$，继续通入 CO_2 进行碳化反应，直至溶液 pH＝7～8 为止。

④ 然后，抽滤，烘干，研磨，过筛得到成品（反应时间共 3～4h）。

五、实验结果和处理

① 计算所制得的碳酸钙的产率：产率＝$m/[(25/56) \times 100] \times 100\%$（$m$ 为过筛得到

的成品碳酸钙的质量）。

② 通过电镜观察所制得的碳酸钙的形貌，并计算径向尺寸。

六、参考文献

[1] 陈洪龄，吕家桢. 沉淀法制备超细碳酸钙. 南京化工大学学报，1998，3：23-26.

[2] 王翔，许苗苗，碳酸钙表面改性探究［J］. 科技创新与应用，2016，2：99，101.

实验22　固相烧结法制备BaTiO₃(BTO)陶瓷材料

一、实验目的

1. 了解有关磷酸三钙的物理性质。
2. 掌握磷酸三钙的固相烧结方法。

二、实验原理

钛酸钡是电子陶瓷材料的基础原料，被称为电子陶瓷业的支柱。它具有高介电常数、低介电损耗、优良的铁电、压电、耐压和绝缘性能，广泛应用于制造陶瓷敏感元件，尤其是正温度系数热敏电阻（PTC）、多层陶瓷电容器（MLccs）、热电元件、压电陶瓷、声呐、红外辐射探测元件、晶体陶瓷电容器、电光显示板、记忆材料、聚合物基复合材料以及涂层等。钛酸钡具有钙钛矿晶体结构，用于制造电子陶瓷材料的粉体粒径一般要求在100nm 以内。因此，$BaTiO_3$ 粉体粒度、形貌的研究一直是国内外关注的焦点之一。

固相烧结按其组元多少可分为单元系固相烧结和多元系固相烧结两类。单元系固相烧结是指纯金属、固定成分的化合物或均匀固溶体的松装粉末或压坯在熔点以下温度（一般为绝对熔点温度的 2/3～4/5）进行的粉末烧结。单元系固相烧结过程除发生粉末颗粒间黏结、致密化和纯金属的组织变化外，不存在组织间的溶解，也不出现新的组成物或新相。又称为粉末单相烧结。

多元系固相烧结是指两种组元以上的粉末体系在其中低熔组元的熔点以下温度进行的粉末烧结。多元系固相烧结除发生单元系固相烧结所发生的现象外，还由于组元之间的相互影响和作用，发生一些其他现象。对于组元不相互固溶的多元系，其烧结行为主要由混合粉末中含量较多的粉末所决定。如铜-石墨混合粉末的烧结主要是铜粉之间的烧结，石墨粉阻碍铜粉间的接触而影响收缩，对烧结体的强度、韧性等都有一定影响。对于能形成固溶体或化合物的多元系固相烧结，除发生同组元之间的烧结，还发生异组元之间的互溶或化学反应。烧结体因组元体系不同有的发生收缩，有的出现膨胀。异扩散对合金的形成和合金均匀化具有决定作用，一切有利于异扩散进行的因素，都能促进多元系固相烧结过程。如采用较细的粉末、提高粉末混合均匀性、采用部分预合金化粉末、提高烧结温度、消除粉末颗粒表面的吸附气体和氧化膜等。在决定烧结体性能方面，多元系固相烧结时的合金均匀化比烧结体的致密化更为重要。多元系粉末固相烧结后既可得单相组织的合金，也可得多相组织的合金。

三、仪器和试剂

1. 仪器

马弗炉	1台	管式炉	1台
电子天平	1台	不锈钢模具	1套
粉末压片机	1套	氧化铝坩埚	5个
研钵	1套		

2. 试剂

碳酸钙	A. R.	二氧化钛	A. R.
聚氯乙烯	A. R.		

四、实验步骤

① 将碳酸钙、二氧化钛试剂放入干燥箱中120℃、2h干燥。

② 称取干燥的碳酸钙2.0g和二氧化钛0.8g放入研钵中研钵。本实验在预烧前后有两次研磨，在压片前有一次研磨，研磨玛瑙研钵，研磨目的是为了将各种药品混合均匀。

③ 将研磨后样品放入氧化铝制成的烧结舟中，并将烧结舟放在马弗炉中。预烧温度梯度：从室温120min升温至800℃，保温120min，自然降温至室温。

④ 将预烧后样品研磨充分，放入氧化铝制成的烧结舟中，并将烧结舟放在管式炉中间的20~30cm处均可。烧结温度梯度：从室温240min升温至1200℃，保温24h，自然降温至室温。

⑤ 烧结后的样品重新研磨，加适量黏结剂PVC，分别采用不同压力（分别为8MPa、12MPa、16MPa）、不同压力保持时间（30s、90s、180s）对各替代样品的预烧混合物进行压片，将其压成直径为12~13mm、厚度为1.5~2mm的薄片。

⑥ 将样品放入氧化铝制成的烧结舟中，并将烧结舟放在管式炉中间的20~30cm处均可。烧结温度梯度：从室温360min升温至1400℃，保温6h，自然降温至室温，即可得BTO陶瓷材料样品。

⑦ 将烧结好的样品利用阿基米德法测量其致密度。

五、实验结果和处理（见表2-1）

表2-1　样品致密度

时间	8MPa	12MPa	16MPa
30s			
90s			
180s			

六、思考题

1. 为什么要对碳酸钡粉体进行预烧结？

2. 碳酸钡的致密度如何测量？

七、参考文献

[1] 续京，张杰. 电子陶瓷材料纳米钛酸钡制备工艺的研究进展 [J]. 石油化工应用，2009，(28)：1-4.

[2] 李宝让，王晓慧，韩秀全等. 放电等离子法烧结 $BaTiO_3$ 纳米晶 [J]. 压电与声光，2005，(27)：43-46.

[3] 肖长江，靳常青，王晓慧. 高压烧结纳米钛酸钡陶瓷的结构和铁电性 [J]. 硅酸盐学报，2008，(36)：748-750.

实验23　环氧化物溶胶凝胶法制备β-Ni(OH)₂ 纳米单层片电极材料

一、实验目的

1. 了解环氧化物溶胶凝胶法的原理。
2. 掌握环氧化物溶胶凝胶法制备 β-Ni(OH)₂ 纳米单层片的方法。
3. 掌握电极材料的电化学测试方法。

二、实验原理

1. 环氧化物溶胶凝胶法

溶胶凝胶法是以无机物或金属醇盐作为前驱体，在液相中将这些原料均匀混合并进行水解、缩合化学反应，形成稳定的透明溶胶体系，溶胶经陈化后胶粒间缓慢聚合，可形成三维空间网络结构的凝胶，凝胶网络间充满了失去流动性的溶剂，形成凝胶。环氧化物溶胶凝胶法是以无机盐为前驱体，通过环氧化物和金属水合离子之间的亲核加成反应，从而促进金属水合离子的水解和缩合反应［反应方程式(2-1)］，形成氢氧化物或氧化物的溶胶或凝胶。

β-Ni(OH)₂ 是一种由 β-Ni(OH)₂ 单层片通过层间范德华力连接组成的层状化合物。在 β-Ni(OH)₂ 的晶核形成过程中，苯甲醇吸附在 β-Ni(OH)₂ 的基本结构单元表面，吸附的苯甲醇分子形成空间位阻效应，阻碍 β-Ni(OH)₂ 在第三维方向的生长，使得其只能在二维平面方向生长，最终形成了单层纳米片。

反应方程式：

$$[Ni(H_2O)_6]^{2+} + A^- + \overset{O}{\underset{C-C}{\triangle}} \rightleftharpoons [Ni(OH)(H_2O)_5]^{2+} + \overset{\overset{H}{\underset{O^{\oplus}}{|}}}{\underset{C-C}{\triangle}} + A^-$$

环打开 ↓

(2-1)

$$\begin{matrix} & OH & \\ | & & | \\ C & - & C \\ | & & | \\ H & & A \end{matrix}$$

2. 电化学测试

电极材料的电化学性能采用电化学工作站进行测试（见图 2-1），三电极测试体系分别为工作电极（WE）、对电极（CE）和参考电极（RE），电解质为 6mol/L KOH 水溶液，通过循环伏安方法测试电极材料的氧化还原电位并计算比容量。

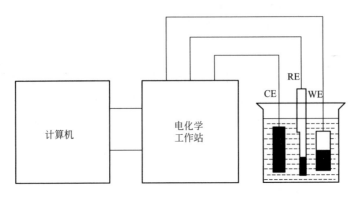

图 2-1　电化学测试装置示意图

在 KOH 电解质水溶液中，$Ni(OH)_2$ 发生如下的电化学氧化还原反应。

$$Ni(OH)_2 + OH^- \longrightarrow NiOOH + H_2O + e^- \qquad (2-2)$$

对材料进行电化学测试可得到如图 2-2(a) 所示的循环伏安曲线，可根据循环伏安曲线中电流与电位包围的面积，按照下面的公式计算电极材料在不同扫描速率下的比容量，即可得到图 2-2(b) 所示的曲线。

$$C = \frac{1}{2m(\psi_2 - \psi_1)v} \int_{\psi_2}^{\psi_1} (Q/\Delta V) dV$$

$$= \frac{1}{2m(\psi_2 - \psi_1)v} \int_{\psi_2}^{\psi_1} I \, dV$$

式中，m 为电极上活性物质的质量，g；v 为电极的扫描速率，V/s；$\psi_2 - \psi_1$ 为电位窗口差，V；$\int_{\psi_2}^{\psi_1} I \, dV$ 为电流与电位包围的面积。

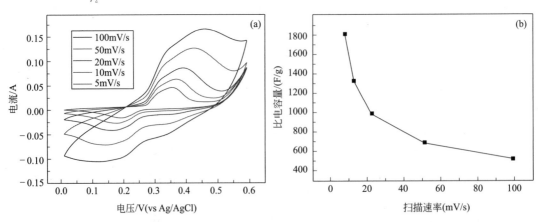

图 2-2　(a) 在不同扫描速率下得到的循环伏安曲线；
(b) 根据循环伏安曲线计算得到的在不同扫描速率下的比容量

三、仪器和试剂

1. 仪器

电化学工作站	1台	油浴	1个
烘箱	1台	离心机	1台
100ml 三角烧瓶	2个	玛瑙研钵	1个
压片机	1台		

2. 试剂

六水合氯化镍	A. R.	苯甲醇	A. R.
环氧丙醇	A. R.	四氯化碳	A. R.
泡沫镍	工业级	乙炔黑	工业级

四、实验步骤

1. Ni(OH)₂ 单层纳米片的制备

将 0.96g 六水合氯化镍加入 100ml 三角烧瓶中并用 30ml 苯甲醇溶解,同时将 1.4ml 环氧丙醇加入到溶液中并搅拌反应 30min,然后将三角烧瓶放入到 105℃ 油浴中反应 6h,反应结束后在烧瓶中加入 30ml 四氯化碳,溶液立即转变为软凝胶,使用离心机将凝胶中的溶剂分离并用四氯化碳洗涤 3 次,之后将产品放入 80℃ 烘箱中干燥。

2. 电化学测试

准确称取 8mg β-Ni(OH)₂ 粉末和 2mg 乙炔黑放入玛瑙研钵中研磨均匀,加入几滴乙醇研磨成糊状,将糊状物质涂抹到称过重的连接有镍丝的 1cm×2cm 泡沫镍上,再用压片机在 10MPa 下将泡沫镍压制成片状,将之放入 80℃ 烘箱中干燥,干燥后称重并计算出泡沫镍上 β-Ni(OH)₂ 的质量。参考电极采用 Ag/AgCl 电极,对电极采用铂片电极,电解质为 6mol/L KOH 水溶液,按照图 2-1 连接测试装置,电位窗口为 0~0.6V,分别测试 5mV/s、10mV/s、20mV/s、50mV/s 和 100mV/s 扫描速率下的循环伏安曲线。

五、实验结果与处理

采用 Origin 处理导出的循环伏安数据,绘制出如图 2-2(a) 所示的循环伏安曲线,并利用 Origin 软件计算闭合的循环伏安曲线所包围的面积,使用比容量公式计算出不同扫描速率下的比容量,再绘制出如图 2-2(b) 所示的曲线。

六、思考题

1. 为什么扫描速率不同,材料的比容量不同?
2. 从理论上讲,多层 β-Ni(OH)₂ 和单层 β-Ni(OH)₂ 之间电化学性能有什么区别?

七、参考文献

[1] Cui H,Xue J,Ren W,Wang M. Ultra-high specific capacitance of β-Ni(OH)₂ monolayer nanosheets synthesized by an exfoliation-free sol-gel route [J]. J. Nanoparticle Res.,2014,16:2601.

[2] Miller J. M. 超级电容器的应用 [M]. 北京：机械工业出版社. 2014.

实验 24　Al取代α-Ni(OH)₂纳米片电极材料的制备

一、实验目的

1. 了解水热法制备纳米材料的原理。
2. 掌握水热法 Al 取代 α-Ni(OH)$_2$ 纳米片电极材料的制备方法。
3. 掌握电极材料的电化学测试方法。

二、实验原理

1. 水热法

水热反应过程是指在一定的温度和压力下，在水、水溶液或蒸汽等流体中所进行的有关化学反应的总称。在水热条件下，水可以作为一种化学组分起作用并参加反应，既是溶剂又是矿化剂，同时还可作为压力传递介质；通过参加渗析反应和控制物理化学因素等，实现无机化合物的形成和改性，既可制备单组分微小晶体，又可制备双组分或多组分的特殊化合物粉末。水热法可克服某些高温制备方法不可避免的硬团聚，其产品具有粉末细（纳米级）、纯度高、分散性好、均匀、分布窄、无团聚、晶型好、形状可控和利于环境净化等特点。

2. 水热反应方程式

本实验采用尿素作为沉淀剂，在水热条件下尿素发生如下的水解反应。由于 CO_2 的释放，平衡向右移动，所产生的 OH^- 可作为沉淀剂与金属离子形成氢氧化物沉淀。

3. 电化学测试

具体内容参见实验 23。

三、仪器和试剂

1. 仪器

电化学工作站	1 台	100ml 水热反应釜	1 个
烘箱	1 台		

2. 试剂

六水合氯化镍	A. R.	尿素	A. R.
九水合硝酸铝	A. R.	泡沫镍	工业级

四、实验步骤

1. 水热法制备 Al 取代 α-Ni(OH)$_2$ 纳米片电极

将 1.4g 六水合氯化镍、1.2g 尿素和 0.2g 九水合硝酸铝放入 50ml 烧杯中，加入 60ml 去离子水搅拌溶解，待完全溶解后倒入水热反应釜内罐中并加入 1 片称重过的

1cm×2cm×0.15cm 泡沫镍，再将内罐放入外罐中。将水热反应釜密封后放入烘箱中，将烘箱的温度设置到 150℃，反应 24h 后冷却到室温，打开反应釜取出泡沫镍，用去离子水清洗后在 80℃干燥，干燥后称重并计算泡沫镍上 Al 取代 α-Ni(OH)$_2$ 质量。

2. 电化学测试

水热反应后的泡沫镍作为工作电极，参考电极采用 Ag/AgCl 电极，对电极采用铂片电极，电解质为 6mol/L KOH 水溶液，按照图 2-1 连接测试装置，电位窗口为 0.1～0.6V，分别测试 5mV/s、10mV/s、20mV/s、50mV/s 和 100mV/s 扫描速率下的循环伏安曲线。

五、实验结果与处理

采用 Origin 处理导出的循环伏安数据，绘制出如图 2-2(a) 所示的循环伏安曲线，并利用 Origin 软件计算闭合的循环伏安曲线所包围的面积，使用比容量公式计算出不同扫描速率下的比容量，再绘制出如图 2-2(b) 所示的曲线。

六、思考题

1. 为什么扫描速率不同，材料的比容量不同？
2. 为什么要采用 Al 元素取代 α-Ni(OH)$_2$？

七、参考文献

[1] Wang M，Xue J，Zhang F，Ma W，Cui T. Growth of aluminum-substituted nickel hydroxide nanoflakes on nickel foam with ultrahigh specific capacitance at high current density [J]. J. Mater. Sci.，2015，50：2422-2428.

[2] Byrappa K，Yoshimura M. Handbook of hydrothermal technology [M]. William Anderew Publishing LLC. 2001.

实验25 法拉第赝电容器的CoOOH纳米薄膜电极材料的制备

一、实验目的

1. 了解化学浴沉积法制备纳米薄膜的原理。
2. 掌握 CoOOH 纳米薄膜电极材料的化学浴沉积制备方法。
3. 掌握电极材料的电化学测试方法。

二、实验原理

1. 化学浴沉积法

化学浴沉积是一种制备薄膜材料的常用方法，通常是将表面处理过的衬底浸在沉积液中，不外加电场或其它能量，在常压和较低的温度下通过控制反应物的化学反应在衬底表面上沉积薄膜。在本实验中，二价钴离子被过硫酸铵氧化成三价钴离子，三价钴离子和环氧丙烷发生水解缩合反应，生成的 CoOOH 在 ITO 导电玻璃上沉积成薄膜。

反应方程式：

$$[Co(H_2O)_6]^{3+} + A^- + \underset{\diagdown C - C \diagup}{\overset{O}{\diagdown C - C \diagup}} \Longleftrightarrow [Co(OH)(H_2O)_5]^{2+} + \underset{\diagdown C - C \diagup}{\overset{\overset{H}{\underset{|}{O^{\oplus}}}}{\diagdown C - C \diagup}} + A^-$$

$$\downarrow \text{开环}$$

$$-\underset{\underset{H}{|}}{\overset{\overset{OH}{|}}{C}} - \underset{\underset{A}{|}}{\overset{\overset{|}{C}}{C}} -$$

(2-3)

2. 电化学测试

具体内容参见实验 23。

三、仪器和试剂

1. 仪器

电化学工作站	1台	分光光度计	1台
磁力搅拌器	1台	烘箱	1台
50ml 烧杯	2个	5ml 移液管	2个

2. 试剂

六水合氯化钴	A. R.	过硫酸铵	A. R.
环氧丙烷	A. R.	盐酸	A. R.
3cm×1cm ITO 导电玻璃			

四、实验步骤

1. CoOOH 纳米薄膜的制备

将 0.95g 六水合氯化钴加入 50ml 烧杯中并用 20ml 去离子水溶解，同时将 1.37g 过硫酸铵加入 50ml 烧杯中并用 20ml 去离子水溶解，再将得到的过硫酸铵溶液混入氯化钴溶液中磁力搅拌反应 2h。在反应后的溶液中加入 4.5ml 环氧丙烷，同时垂直放入 ITO 导电玻璃并固定，反应 12h 后取出 ITO 导电玻璃并分别用去离子水和乙醇清洗，室温干燥半小时后放入 50℃烘箱干燥。

2. 电化学测试

水热反应后的泡沫镍作为工作电极，参考电极采用 Ag/AgCl 电极，对电极采用铂片电极，电解质为 0.5mol/L KOH 水溶液，按照图 2-1 连接测试装置，电位窗口为 −0.2～0.6V，分别测试 5mV/s、10mV/s、20mV/s、50mV/s 和 100mV/s 扫描速率下的循环伏安曲线。

将测试后的 ITO 导电玻璃用去离子水清洗后放入 50ml 烧杯中，用 5ml 移液管准确量取 5ml 盐酸，加入烧杯中溶解 ITO 导电玻璃表面的 CoOOH 薄膜，再用移液管准确量取

3ml 溶液放入比色皿中，然后用分光光度计进行测试，再根据标准曲线计算出 ITO 导电玻璃表面附着的 CoOOH 的质量。

五、实验结果与处理

采用 Origin 处理导出的循环伏安数据，绘制出如图 2-2(a) 所示的循环伏安曲线，并利用 Origin 软件计算闭合的循环伏安曲线所包围的面积，使用比容量公式计算出不同扫描速率下的比容量，再绘制出如图 2-2(b) 所示的曲线。

六、思考题

1. 为什么扫描速率不同，材料的比容量不同？
2. 是否可以采用 NaOH 作为沉淀剂制备 CoOOH 纳米薄膜？

七、参考文献

[1] Wang M, Ren W, Zhao Y, Cui H. Synthesis of nanostructured CoOOH film with high electrochemical performance for application in supercapacitor [J]. J Nanoparticle Res. 2014. 16. 2181.
[2] Miller JM. 超级电容器的应用 [M]. 北京：机械工业出版社. 2014.

实验 26   燃烧法制备铝酸锶长余辉材料

一、实验目的

1. 了解长余辉材料的概念及应用。
2. 掌握燃烧合成法的过程及特点。
3. 了解发光材料的常用表征手段。

二、实验原理

长余辉发光材料简称长余辉材料，又称为蓄光型发光材料，是光致发光材料的一种。这种材料在可见光、紫外光等光源的照射下能吸收并存储激发能，在激发停止后的一定时间内（几秒钟至几十小时），将储存的能量以光发射的形式释放出来。长余辉材料因其特殊的性质，被广泛应用于夜间应急指示、光电子元器件、仪表显示、医学成像等领域。以 $SrAl_2O_4$：Eu，Dy 为代表的铝酸盐是当前研究最多，应用最广的长余辉材料。

燃烧合成法是指通过前驱体的燃烧合成材料的一种方法。该方法的主要原理是将原料反应物制成相应的硝酸盐或有机酸盐溶解在酸性水溶液中，再加入适量的络合剂和燃料，充分搅拌混合成均匀的液相。在外加热的辅助下，使溶液蒸发干燥、固化并引发反应体系的自发燃烧，利用燃烧过程产生的高温使化学反应在短时间内完成，得到目标产物。同传统的高温固相合成法相比，燃烧法可制备出活性大、颗粒细的粉体，并且可大幅度降低烧结温度。

三、仪器和试剂

1. 仪器

电子天平	1 台	烧杯	2 个
蒸发皿	1 台	马弗炉	1 台
玛瑙研钵	1 个	X 射线粉末衍射仪	1 台
扫描电子显微镜	1 台	荧光光谱仪	1 台

2. 试剂

碳酸锶	A. R.	硝酸铝	A. R.
氧化铕	99.99%	氧化镝	99.99%
尿素	A. R.	硼酸	A. R.

四、实验步骤

1. $SrAl_2O_4$:Eu,Dy 粉体的制备

称取适量 $Al(NO_3)_3$ 溶解于二次水，制成 $0.2mol/L$ $Al(NO_3)_3$ 溶液；称取适量碳酸锶溶解于硝酸，制成 $0.2mol/L$ $Sr(NO_3)_2$ 溶液；分别称取适量氧化铕和氧化镝并溶解于硝酸，制成 $0.1mol/L$ $Dy(NO_3)_3$、$Eu(NO_3)_3$ 溶液。

以 $Sr_{0.97}Al_2O_4$：$0.01Eu$，$0.02Dy$ 为目标产物，即按 Al：Sr：Dy：Eu＝2：0.97：0.02：0.01 的比例取适量 $Al(NO_3)_3$、$Sr(NO_3)_2$、$Dy(NO_3)_3$、$Eu(NO_3)_3$ 溶液于蒸发皿中混合，并加入适量尿素和硼酸，使尿素和 NO_3^- 的摩尔比例为 1：1.5。硼酸和 Sr^{2+} 的摩尔比例为 2：1。将溶液充分搅拌后移入已经升温至 600℃ 的马弗炉里，溶液立即沸腾、蒸干，分解同时放出大量气体。几分钟内，作为氧化剂的硝酸盐和作为还原剂的尿素发生反应，进而燃烧，生成疏泡沫状产物。将产物取出，冷却后研磨即得到产品。

采用同样方法，制备一系列化学组成为 $Sr_{0.97}Al_2O_4$：$0.01Eu$，xDy（其中 x 分别取 0、0.005、0.01、0.15、0.02、0.025 和 0.03）的产物。制备过程中，尿素和硼酸的加入量保持不变，比较最终产物的发光强度。

采用相同方法，制备一系列化学组成为 $Sr_{0.97}Al_2O_4$：$0.01Eu$，$0.02Dy$ 的产物，其中硼酸和 Sr^{2+} 的摩尔比例依次为 0、0.5：1、1：1、1.5：1、2：1、3：1 和 4：1，其他反应物的量保持不变，比较最终产物的发光强度。

2. $SrAl_2O_4$：Eu,Dy 粉体的观察和表征

在暗室中观察 $SrAl_2O_4$：Eu，Dy 粉体的长余辉特征；用扫描电子显微镜观察记录 $SrAl_2O_4$：Eu，Dy 粉体的普微形貌特征；用 X 射线粉末衍射仪观察记录粉体的衍射图谱，并分析粉体的相组成和结构；用荧光光谱仪测定粉体的激发和发射光谱。

五、实验结果与处理

① 记录扫描电子显微镜观察到的形貌特征。
② 记录 X 射线粉末衍射图谱，检索粉体的相组成和结构。
③ 记录 $SrAl_2O_4$：Eu，Dy 粉体的激发和发射光谱，和其发光的颜色对照。

六、思考题

1. 影响 $SrAl_2O_4$：Eu，Dy 粉体发光性能的因素有哪些？
2. 燃烧合成法的特点是什么？

七、参考文献

[1] 徐叙瑢，苏勉曾. 发光学与发光材料. 北京：化学工业出版社，2004.
[2] 阳区，刘应亮，沙磊等. 烧法表面处理的 $SrAl_2O_4$：Eu，Dy 长余辉发光材料 [J]. 发光学报，2011，32（9）：864-868.

实验27　微波法制备纳米三氧化二铁

一、实验目的

1. 了解纳米粒性和物性。
2. 学习并掌握微波法制备纳米微粒的原理。

二、实验原理

微波是频率为 $300MHz \sim 300GHz$、波长为 $1m \sim 1mm$，具有较强的穿透性和优异的选择性。在微波作用下，化学反应的突出特点是反应速率加快，较常规方法反应速率提高 $2 \sim 3$ 个数量级。机理尚无定论。有观点认为，微波的频率与原子、离子的震动频率相同，因而加快反应速率。另外，微波可使极性分子和离子极化，也起到加速化学反应的作用。

本实验采用微波水热合成法制备纳米粒子 Fe_2O_3，再进一步制成块体，利用实验室简便的方法测定一般性质。

$FeCl_3$ 溶液与水反应生成 Fe_2O_3 是一个复杂的水解聚合及相转移、再结晶过程，反应式为

$$x[Fe(H_2O)_6]^{3+} \longrightarrow Fe_x(OH)_y^{(3x-y)} \longrightarrow [\alpha\text{-}FeOOH] \longrightarrow x/2[Fe_2O_3]$$

加入配合剂 TETA（三亚乙基四胺 $C_6H_{18}N_4$）与 Fe^{3+} 反应形成配合物，当 TETA 被 OH^- 置换后转化为 $Fe(OH)_3$。再进一步转化为 Fe_2O_3。保持 Fe_2O_3 粒子直径在纳米级的关键在于防止粒子的"团聚"。TETA 在系统中，先作为配合剂与 Fe^{3+} 配合，后又作为表面活性剂（分散剂）分散系统中的粒子，防止粒子的团聚。

三、仪器和试剂

1. 仪器

烘箱	1 台	微波炉	1 台
容量瓶（250ml）	1 支	移液管（50ml、20ml、10ml）	各 1 支
烧杯（250ml）	1 个	温度计	1 支
搅拌棒	1 根	分析天平	1 台
磁铁	1 块		

2. 试剂

FeCl$_3$	A. R.	盐酸	A. R.
NaH$_2$PO$_4$	A. R.	TETA（C$_6$H$_{18}$N$_4$）	A. R.

四、实验步骤

① 配制 0.0200mol/L 的 FeCl$_3$ 溶液。用万分之一分析天平准确称量 FeCl$_3$ 晶体，置于 50ml 小烧杯中，加少量盐酸控制水解，加去离子水溶解后转移至 250ml 容量瓶中，加去离子水至刻度线，摇匀。

② 配制 0.0100mol/L 的 TETA 溶液方法同上。

③ 配制 1.0000mol/L 的 NaH$_2$PO$_4$ 溶液方法同上。

④ 用 50ml 移液管取 50mL 的 FeCl$_3$ 溶液注入 250ml 的烧杯中（一定要洗干净并干燥）。

⑤ 再用移液管分别取 40ml 的 TETA 溶液和 15ml 的 NaH$_2$PO$_4$ 溶液注入同一烧杯中，微摇荡，盖上表面皿。

⑥ 微波作用将烧杯置于微波炉中，启动微波炉，低火加热 15min。

⑦ 陈化作用将烧杯放入烘箱中，110℃保温（时间不低于 8h）。

⑧ 取出烧杯，除掉水，烘干粉末。

⑨ 将粉末压制成形，检验其磁性。

⑩ 测定纳米粉的熔点，与普通氧化铁粉末相对照。

五、实验结果和处理

产品外观：_____

产量：_____

固含量：_____

熔点：_____

六、思考题

1. 如果仅用 FeCl$_3$，溶液与水反应能否制得纳米粒子？

2. 操作注意事项有哪些？

七、参考文献

[1] 张文敏，汤勇铮. 添加剂对微波法制备均分散 α-Fe$_2$O$_3$ 纳米粒子的影响 [J]. 材料科学与工程，1999，2：29-32.

[2] 景红霞，李巧玲，段红珍. 微波辅助法制备 α-Fe$_2$O$_3$ 纳米粒子及其表征 [J]. 新技术新工艺，2005，10：41-43.

实验28 四氯化钛水解制备金红石型二氧化钛纳米晶

一、实验目的

1. 学习并掌握水解法制备纳米微粒的原理。

2. 了解金红石的抗紫外性能。

二、实验原理

本实验在升温水解时，采用80℃是时加入晶种，在 $TiCl_4$ 水溶液中立即分散形成均匀的纳米分散体——活性晶核。以纳米活性晶核为引发剂，快速形成更多的活性晶核，在逐渐升温过程中，溶液中 H^+ 在瞬间中和 $[Ti_nO_{4n}]^{4n-}$ 钛氧络阴离了，从而促成水解初期亚稳态锐钛型微晶体，向稳定的金红石型微晶的转化。

在一定钛浓度条件下，转化过程需要适当时间，才会完成晶型转化过程。加入预先制备好的纳米晶种，加快了这个转化过程，随着时间的延续，完成了 $TiCl_4$ 水溶液水解的晶种过程，从亚稳定锐钛矿型——锐钛矿型与金红石混合型——金红石型晶型的转化。锐钛矿具较好的光催化性，金红石有较好的抗紫外性能。

三、仪器和试剂

1. 仪器

B5-24 恒温磁力搅拌器	1 台	MYB 型可调温电加热套	1 台
锥形瓶	1 支	三口烧瓶	1 支
温度计	1 支	DJ1-90 电动搅拌器	1 台
冷凝管	1 支	容量瓶（100ml）	1 只
量筒（50ml、100ml）	各 1 支	紫外分析仪	1 台
移液管（1ml、10ml）	各 1 支		

2. 试剂

$TiCl_4$ 溶液，去离子水，分散剂。

四、实验步骤

（1）晶种制备　取 10ml $TiCl_4$ 溶液加入锥形瓶中；用量筒取 40ml 去离子水，滴入 2~3 滴分散剂，摇匀后加入上述锥形瓶中。磁力搅拌下升温至 90℃，停止加热自来水快速冷却。

（2）$TiCl_4$ 水解　在三口烧瓶中加入 100ml $TiCl_4$ 溶液，缓慢加热 60min 内升至 80℃。加入 25ml 晶种继续升温至 106℃，加入 100ml 沸水恒温 1.5h。

（3）紫外分析　取 1ml 反应后混合物稀释至 100ml。加入一滴分散剂，混合均匀后取 5ml 进行紫外分析。

五、实验结果和处理

产品外观：＿＿＿＿＿＿＿＿＿＿＿＿＿＿

产量：＿＿＿＿＿＿＿＿＿＿＿＿＿＿

固含量：＿＿＿＿＿＿＿＿＿＿＿＿＿＿

六、思考题

1. 比较各种制备纳米二氧化钛方法的优缺点。

2. 为什么金红石具有良好的抗紫外性能？

七、参考文献

［1］ 张青红，高濂，郭景坤. 四氯化钛水解法制备纳米氧化钛超细粉体. 无机材料学报［J］，2000，1：21-25.
［2］ 方晓明，农云军，杨卓如. 四氯化钛强迫水解制备金红石型纳米二氧化钛［J］. 无机盐工业，2003，35（6）：24-26.

实验 29　纳米氧化锌的制备及表征

一、实验目的

1. 掌握液相沉淀法和固相法制备纳米氧化锌，熟悉制备纳米氧化锌的原理与步骤，比较不同方法制备的优缺点。

2. 学习电子显微镜、激光粒度分析仪的使用。

二、实验原理

纳米氧化锌（ZnO）具备独特的光、电、磁、热、敏感等性能，产品活性高，具有抗红外、紫外和杀菌的功能，已被广泛应用于防晒型化妆品、抗菌防臭和抗紫外线的新型功能纤维、自洁抗菌玻璃、陶瓷、防红外与紫外的屏蔽材料、卫生洁具和污水处理等产品中。

液相法是采用不同途径在均相溶液中实现溶质和溶液分离，得到所需粉末的前驱体，再经过煅烧即可得到纳米颗粒。常见的化学合成纳米颗粒的液相法，包括直接沉淀法、均匀沉淀法、超重力法、溶胶-凝胶法、微乳液法。由于反应条件温和易于控制、粒子粒径分布较窄，分散性好，易于工业化放大而被看好。实验采用 $ZnSO_4$ 和 Na_2CO_3 相互混合，

$$ZnSO_4 + Na_2CO_3 \longrightarrow Na_2SO_4 + ZnCO_3 \downarrow \qquad (2\text{-}4)$$

混合物在电热恒温鼓风干燥箱里干燥，得到的前驱体研磨、煅烧，得到最终产物纳米氧化锌。

$$ZnCO_3 \longrightarrow ZnO + CO_2 \uparrow 煅烧 \qquad (2\text{-}5)$$

固相法是将金属盐或金属氧化物按一定比例混合均匀、研磨后进行煅烧，通过发生固相反应直接制纳米颗粒。固相法具有操作简单安全，工艺流程短，高选择性，污染少等优点，也是当前常用的制备方法。

三、仪器和试剂

1. 仪器

电热恒温鼓风干燥箱	1台	布氏漏斗及抽瓶	1个
数显电动搅拌器	1台	循环水真空泵	1台
数控超声波清洗器	1台	箱式电阻炉	1台
研钵	2支	LS-9000 型激光粒度分析仪	1台
250ml 烧杯	4个	100ml 烧杯	1个

坩埚	1个		

2. 试剂

硫酸锌	A. R.	硫酸铜	A. R.
碳酸钠	A. R.	无水乙醇	A. R.
硫酸锌	A. R.	去离子水	

四、实验步骤

1. 液相沉淀法制备纳米氧化锌

称取 4.0g 碳酸钠固体和 6.6g 硫酸锌固体，溶于 50ml 去离子水中，30℃ 水浴搅拌、加热 30min，真空抽滤；用蒸馏水、无水乙醇依次洗涤前驱体，将所得固体在 60℃ 的恒温干燥箱中干燥 2h，研磨。然后置于马弗炉中，升温至 400℃，煅烧 2h，取出研磨即可得到纳米氧化锌。

2. 固相法制备纳米氧化锌

（1）前驱化合物的制备　按照摩尔比 1∶1 的比例准确称取 5.8g $ZnSO_4 \cdot 7H_2O$ 和 1.7g NH_4HCO_3，置于玛瑙研钵中，充分研磨 30min，当研磨 5min 左右时出现黏稠，20min 后逐渐干爽，将所得混合物用蒸馏水、无水乙醇洗涤、分离，在 353K 下真空干燥 8h，得前驱物 $ZnCO_3$。

（2）纳米 ZnO 的制备　将所得 $ZnCO_3$ 前驱化合物于微波炉中加热 20min，辐射频率 2450MHz，即得纳米氧化锌粉末。

3. 纳米氧化锌的表征

纳米氧化锌在 $3513.46cm^{-1}$ 处的吸收峰为氢键的 O—H 伸缩振动吸收带；$1523.18cm^{-1}$ 处为自由水的 H—O—H 弯曲振动峰，表明纳米氧化锌容易吸水；$216.77cm^{-1}$ 处为氧化锌的特征吸收峰。

五、实验结果和处理

产品外观：＿＿＿＿＿＿＿＿＿＿＿＿＿

产量：＿＿＿＿＿＿＿＿＿＿＿＿＿

六、思考题

1. 液相沉淀法制备氧化锌与固相法比较有什么优缺点？还有什么方法可以制备纳米氧化锌？

2. 用固相法制备时，研磨药品时应该注意什么？

七、参考文献

［1］董乾英，张保林，程亮等. 纳米氧化锌的制备及光催化应用［J］. 无机盐工业，2013，45（5）：52-55.

［2］王肖鹏，薛永强. 均匀沉淀法制备不同粒径的纳米氧化锌［J］. 广东化工，2010，37（4）：37-39.

［3］陈春燕，南海，李昆等. 可控形貌纳米氧化锌的制备及光学性能研究［J］. 人工晶体学报，2014，43（2）：404-408.

实验30　纳米Y₂O₃粉体的制备及其表征

一、实验目的

1. 掌握使用溶胶-凝胶法纳米 Y_2O_3 粉体材料。
2. 学习和了解使用 X 射线衍射仪、激光粒度分析仪以及扫描电镜等测试方法对纳米粉体的表征。

二、实验原理

纳米氧化钇（Y_2O_3）具有独特的物理和化学性质，被广泛应用于高科技材料之中，如 MLCC、燃料电池、氧传感器、PDP 荧光粉、超导材料、先进结构陶瓷等领域。纳米氧化钇的纯度对最终产品的性能有较大的影响，如阴离子杂质含量对荧光粉的亮度、电子陶瓷电性能、工程陶瓷的致密度有很大的影响。因此，控制纳米氧化钇的纯度对制备高性能材料有着重要意义。湿化学法制备纳米粉末具有显著的优点。近年来，国内外对采用湿法沉淀工艺制备纳米氧化钇展开了广泛的研究，取得了较好的成绩，其主要方法有水热法、醇盐水解法、喷雾热分解法、溶胶-凝胶法、直接沉淀法等。本实验主要介绍利用溶胶-凝胶法、直接沉淀法合成纳米 Y_2O_3 粉体。

溶胶凝胶（Sol-Gel）法是指将金属的无机盐或醇盐水解成溶胶，然后使溶胶凝胶化，再将凝胶干燥焙烧后得到纳米粉体。

Sol-Gel 法的基本反应步骤如下。

① 溶剂化：金属阳离子 M^{z+} 吸引水分子形成溶剂单元 $M(H_2O)_n{}^{x+}$，为保持其配位数，具有强烈释放 H^+ 的趋势。

$$M(H_2O)_n{}^{x+} \longrightarrow M(H_2O)_{n-1}(OH)_{(x-1)} + H^+$$

② 水解反应：非电离式分子前驱物，如金属醇盐 $M(OR)_n$ 与水反应。

$$M(OR)_n + xH_2O \longrightarrow M(OH)_x(OR)_{n-x} + xROH - M(OH)_n$$

③ 缩聚反应：按其所脱去分子种类，可分为两类。

a. 失水缩聚

$$—M—OH + HO—M— \longrightarrow M—O—M— + H_2O$$

b. 失醇缩聚

$$—M—OR + HO—M— \longrightarrow —M—O—M— + ROH$$

本实验采用硝酸钇和柠檬酸为原料的溶胶凝胶法制备纳米 Y_2O_3 粉体，聚乙二醇 5000 调节凝胶的黏度。

溶胶凝胶具有产物颗粒小、粒度均匀、成分可控等优点，但煅烧过程中会产生有毒气体如 NO、NO_2，且反应时间较长。

直接沉淀法可一步生成纳米 Y_2O_3 粉体，实验操作简单，具体反应为：

$$2Y(NO_3)_3 + 3(NH_4)_2C_2O_4 \longrightarrow Y_2(CO_3)_3 + 6NH_4NO_3$$

经高温煅烧后即可得到纳米 Y_2O_3 粉体。

三、仪器和试剂

1. 仪器

电子天平	1 台	电热恒温干燥箱	1 台
马弗炉	1 台	循环水真空泵	1 台
激光粒度分析仪	1 台	X 射线衍射仪	1 台
坩埚	3 个	烧杯	3 个
磁力搅拌器	1 台	布氏漏斗	1 个
滤纸	5 张	抽滤瓶	1 个

2. 试剂

硝酸钇	A.R.	柠檬酸	A.R.
聚乙二醇 5000	A.R.	草酸铵	A.R.
十六烷基三甲基溴化铵	A.R.		

四、实验步骤

1. 溶胶凝胶法制备纳米 Y_2O_3 粉体

① 准确计算配制 50ml 0.5mol/L 硝酸钇溶液所需前体硝酸钇和柠檬酸的用量，其中柠檬酸与硝酸钇之比为 2：1（摩尔比）。

② 按上述用量称取柠檬酸与硝酸钇放入 250ml 烧杯中，加入 50ml 去离子水，磁力搅拌器加热搅拌 2h，加热温度 70℃，2h 后，加入 0.3g 聚乙二醇 5000，保持温度直至形成凝胶，此时搅拌子无法将剩余液体搅拌。

③ 将上述凝胶连同烧杯放入 1000ml 大烧杯中，放入干燥箱中，在 120℃条件下干燥 12h。

④ 将干燥好的棕色凝胶碾碎后放入坩埚中，于 300℃煅烧 3h 和 550℃煅烧 5h 脱胶，即可获得纳米级别的氧化钇粉体。

2. 沉淀法制备 Y_2O_3 粉体

① 称取一定量的硝酸钇，配置 500ml 0.5mol/L 硝酸钇水溶液。用量筒量取 100ml 与 250ml 烧杯中。加入 0.1g 十六烷基三甲基溴化铵与上述溶液中。

② 配置 100g/L 的草酸铵溶液，用量筒量取 100ml 草酸铵溶液加入上述溶液中，混合均匀，制得反应液。

③ 将上述反应液放在磁力搅拌器加热搅拌，反应时间 15～20min，反应过程中用 pH 试纸检测，用盐酸或氨水控制 pH 在 3～5 之间。

④ 将所得沉淀物放入离心管中，离心速度为 4000r/min，时间 2min。用滴管转移上层分离液，再用无水乙醇按上述操作洗涤产物 2～3 次，最后在 60℃烘箱中干燥，得到样品。观察产物颜色，称量，并计算产率，得到纳米的 Y_2O_3 粉体。

3. 纳米氧化钇粉体的物相分析、粒度分布及其形貌表征

在专职教师的指导下，分别使用 X 射线衍射仪、激光粒度分析仪以及扫描电镜等大

型仪器作为测试手段，对纳米氧化钇进行物相、粒度分布及形貌表征。

五、实验结果和处理

1. 溶胶凝胶制备纳米氧化钇粉体

理论产量：_____ g，实际产量_____ g；

产率：_____%。

2. 沉淀法制备纳米氧化钇粉体

理论产量：_____ g，实际产量_____ g；

产率：_____%。

六、思考题

1. 溶解凝胶法制备氧化钇中柠檬酸的作用是什么？
2. 添加聚乙二醇 5000 的作用是什么？

七、参考文献

[1] 刘志强，梁振锋，李杏英．纳米氧化钇的制备及表征 [J]．矿冶工程，2006，(26)：78-80.

[2] 高恩双，孙雨，金艳花，宗俊．草酸铵沉淀法制备纳米氧化钇研究 [J]．无机盐工业，2013，(45)：31-33.

实验 31 ZnS 纳米粒子的制备

一、实验目的

1. 了解水热法的基本概念及特点。
2. 掌握高温高压下水热合成纳米粒子材料的特殊方法和操作的注意事项。

二、实验原理

水热合成是无机合成的一个重要分支。水热合成研究从模拟自然界矿石生成到沸石分子筛和其他晶体材料的合成，已经历了 100 多年的历史。它是指在特制的密闭反应器（高压釜）中，采用水溶液作为反应体系，通过反应体系加热、加压（或自生蒸气压），创造一个相对高温、高压的反应环境，进行无机合成与材料处理的一种有效方法。

水热合成技术不仅仅用来生长工程材料，如人造铁电硅酸盐，还用来制备许多在自然界并不存在的新化合物。水热法已成为目前多数无机功能材料、特种组成与结构的无机化合物以及特种凝聚态材料，如超微粒、溶胶与凝胶、非晶态、无机膜等合成的越来越重要的途径。水热合成有以下特点。

① 由于在水热条件下反应物性能的改变、活性的提高，水热合成法有可能代替同相反应以及难以进行的合成反应，并产生一系列新的合成方法。

② 由于在水热条件下中间态、介稳态以及特殊物相易于生成，因此能合成开发一系

列特介稳结构、特种凝聚态的新合成产物。

③ 能够使低熔点化合物、高蒸气压且不能在熔体中生成的物质、高温分解相在水热与溶剂热低温条件下晶化生成。

④ 水热合成的低温、等压、溶液条件，有利于生成极少缺陷、取向好、完美的晶体，且合成产物结晶度高、易于控制晶体的粒度。

⑤ 由于易于调节水热条件下的环境气氛，因而有利于中间价态与特殊价态化合物的生成，并能均匀地进行掺杂。

纳米材料因其独特的性质而具有广阔的应用前景，虽然目前纳米材料的制备技术多种多样，但大多数都需要昂贵的设备以及复杂工艺，这些都阻碍了其进一步应用。水热合成技术具有设备简单，成本较低，易于制备出纳米材料与结构的特点。

本实验采用水热法以尿素为矿化剂在低温和较简单的工艺条件下制备 ZnS 纳米粒子。

三、仪器和试剂

1. 仪器

50ml 烧杯	1 只	分析天平	1 台
水热反应釜	1 只	控温烘箱	1 台
磁力搅拌器	1 只		

2. 试剂

尿素	A. R.	乙酸锌	A. R.
硫化钠	A. R.	氨水	A. R.

四、实验步骤

1. 样品的制备

将 6mmol（1.32g）$Zn(CH_3COO)_2 \cdot 2H_2O$ 溶于 50ml 蒸馏水中，在电动搅拌器搅拌的同时，向溶液中逐滴滴入氨水（1ml/min），直至溶液的 pH 值为 9～10 时为止。再向反应釜中加入 9mmol（2.16g）$Na_2S \cdot 9H_2O$ 和 21mmol（1.26g）尿素。将上述溶液移入容积为 35ml 带聚四氟乙烯内衬的水热反应釜中（填充比为 60%），将密封的反应釜放入干燥箱中，在 150℃温度下保温 24h 反应。反应结束后，自然冷却至室温，用蒸馏水对产物进行多次洗涤，然后在 80℃下干燥 4h。

2. 样品的表征

采用日本理学 D/max-2500VPC 型 X 射线衍射仪对样品进行 XRD 的测量，得到 ZnS 纳米粒子的物相。用 JSM5610I-V 型扫描电子显微镜观察粒子的形貌。

五、实验结果和处理

① 所得到的 ZnS 的质量为：＿＿＿＿＿＿收得率为：＿＿＿＿＿＿。

② XRD 表征结果中，特征衍射峰对应的 2θ 衍射角为：＿＿＿＿＿＿，ZnS 的 JCPDS 数据库中，特征衍射峰对应的 2θ 衍射角为：＿＿＿＿＿＿。

六、思考题

尿素的作用是什么？

七、参考文献

［1］ 徐如人．无机合成制备化学［M］．北京：高等教育出版社，2001：128．

实验 32　化学沉淀法制备羟基磷灰石

一、实验目的

1. 掌握化学沉淀法的基本原理。
2. 掌握化学沉淀法制备羟基磷灰石的制备方法。

二、实验原理

羟基磷灰石晶体结构属六方晶系，其分子式为 $Ca_{10}(PO_4)_6(OH)_2$，其钙与磷的摩尔比为 1.67，简称 HA 或 HAP，空间群为 $P6_3/m$ 或对称型。其分子结构为六角柱体，容易与周围液体发生离子交换，HA 主要存在于脊椎动物骨骼及牙齿中，属 L_6PC 对称型的六角柱体。HA 晶体结构复杂，共有两种结构形式，一种是 6 个 PO_4^{3-} 四面体有 9 个角顶，每个角顶有一个 O^{2-}，Ca^{2+} 位于 6 个 PO_4^{3-} 四面体当中与 9 个 O^{2-} 相连接，Ca^{2+} 的配位数为 9；另一种是 6 个 Ca^{2+} 组成 $OH\text{-}Ca_6$ 配位八面体，其相邻的 4 个 PO_4^{3-} 中的 6 个角顶上的 O^{2-} 和 OH^- 与角顶的 Ca^{2+} 相连接；Ca^{2+} 的配位数是 7。图 2-3 为羟基磷灰石的晶体结构及（0001）面的投影。

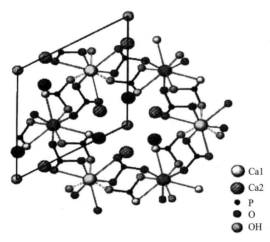

Ca1　Ca2　P　O　OH

图 2-3　羟基磷灰石的晶体结构及（0001）面的投影

无杂质的羟基磷灰石为无色透明的固体，但常常呈浅绿、黄绿、褐红、浅紫色。沉积成的磷灰石因含有机质被染成深灰至黑色。玻璃色光泽，断口油脂光泽，性脆。断口不平坦。莫氏硬度为5。相对密度3.18~3.21。偏光镜下无色。折射率随OH、Cl含量增高而增大。

HA表面水化层是通过氢键形成的，与水有良好的兼容性，在水中的表面能较低，能维持很长一段时间的细微分散状态。HA是一种强离子交换剂，HA分子中的钙离子容易被有害金属离子和重金属离子等交换，还可以与含有羧基的氨基酸、蛋白质及一些有机酸等发生交换反应。呈弱碱性（pH＝7~9），易溶于酸而难溶于碱。

HA结构决定了其表面性质比较活泼，在HA的表面上存在两个羟基吸附的位置，而当羟基位于晶体的表面时，则该位置连接着两个钙离子。而且在水溶液中，表面的羟基在某一瞬间由于一些原因会出现空缺的现象，两个钙离子由于带正电荷，形成两个吸附位置。同理，当表面的钙离子在某一瞬间空缺时，表面会在此处形成另外一个吸附位置，导致该位置带负电荷，能吸附钡离子等阳离子和蛋白质上的基团分子。

羟基磷灰石是人体骨和牙齿的主要无机成分，它含有人体组织所必需的钙和磷元素且不含其他有害元素，是目前公认的具有良好的生物兼容性，并且具有骨引导性的生物活性陶瓷材料。

羟基磷灰石植入人体后能通过正常新陈代谢途径置换Ca、P，其羟基通过氢键与人体组织键合达到完美结合，生物兼容性好，无免疫排斥，且具有一定的骨引导性，为新骨的沉积与再生提供优良的生理环境。羟基磷灰石属于表面活性材料，具有生物活性、生物兼容性好，无毒、无排斥反应、不致癌、可降解、可与骨组织良好结合等特点，应用非常广泛，是目前植入材料研究的热点之一。

人工合成的羟基磷灰石植入体在人体生理环境中能和肌体组织结构发生强烈的化学键合，发生生物和化学反应，从而在植入体与肌体组织之间形成一层紧密的生物化学结合层，能够有效阻止植入体在人体体液中对肌体组织的腐蚀，也能显著提高植入体的使用寿命，故作为植入体要比传统的植入性医用材料（如医用钛合金、硅胶及植骨用的碳类材料等）的功能性以及使用性能更好。

近年来，有很多羟基磷灰石的生物材料制备方法，这些方法逐渐掌控了对颗粒大小的控制，在改善性能方面取得了一定的进展。目前，制造羟基磷灰石的生物材料主要有以下几种：微乳液法、化学沉淀法、水热反应法、溶胶-凝胶法、超声波照射法和水解法等。化学沉淀法的基本原理是把不同的原料充分混合，从而得到一定量的沉淀物，沉淀一段时间后，在一定温度下进行陈化、干燥、烧结，制得羟基磷灰石颗粒。合成HA的关键问题是，掌握好钙磷的比例。为了提高沉淀效果，大多数反应都会加入一定量的沉淀剂。化学沉淀法实验条件要求不高、反应控制简单，基本没有副产物，在生产中经常使用此法来制备HA。

以硝酸钙和磷酸氢二氨为原料制备羟基磷灰石的反应方程式为：

$$Ca(NO_3)_2 \cdot 4H_2O + 6(NH_4)_2HPO_4 + 8NH_3 \cdot H_2O =\!=\!=$$

$$Ca_{10}(PO_4)_6(OH)_2 + 20NH_4NO_3 + 6H_2O$$

不同反应物合成HA的方法有一定差异，但总体而言，化学沉淀法的实质是羟基磷灰石的溶解平衡的逆反应，即

$$10Ca^{2+} + 6PO_4^{3-} + 2OH^- =\!=\!= Ca_{10}(PO_4)_6(OH)_2 \qquad K_{sp} = 2.34 \times 10^{-59}$$

三、仪器和试剂

1. 仪器

烧杯 250ml	4 个	分析天平	1 套
pH 计	1 套	超声波清洗器	1 套
双向磁力搅拌器	1 套	干燥箱	1 个
水浴锅	1 套		

2. 试剂

磷酸氢二铵	A. R.	氨水	A. R.
四水硝酸钙	A. R.	聚乙二醇	A. R.
无水乙醇	A. R.	超纯水	

四、实验步骤

① 按照羟基磷灰石的 $n(\text{Ca}):n(\text{P})=5:3=1.67$ 比例，分别用电子天平称量四水硝酸钙 $[\text{Ca(NO}_3)_2 \cdot 4\text{H}_2\text{O}]$ 11.1g 和磷酸氢二铵 $[(\text{NH}_4)_2\text{HPO}_4]$ 3.72g。

② 将磷酸氢二铵溶于无水乙醇搅拌混合，四水硝酸钙溶于超纯水搅拌混合，然后在四水硝酸钙中加入过量的氨水，使溶液的 pH 值在 11 以上并且密封溶液，在磷酸氢二铵中加入分散剂聚乙二醇（3%）。研究表明，聚乙二醇添加量为 3%（质量分数）时，效果最好并且搅拌使其溶解。

③ 在水浴锅中加入足量的水，然后通电使水域温度维持在 40℃，然后将配置好的四水硝酸钙放入 40℃ 的水浴锅中，一段时间后，将配置好的磷酸氢二铵溶液缓慢加入四水硝酸钙中，同时快速搅拌，温度保持在 40℃。

④ 用精密 pH 计检测 pH 值的变化，若反应中溶液出现絮白色状沉淀，pH 值下降，此时不断向溶液中加氨水，调节 pH 值，使其保持在 10～10.5 之间。充分搅拌 2h 后放入水浴锅中。

⑤ 调节水浴锅温度至 50℃ 进行陈化，陈化 24h。

⑥ 抽滤，洗涤。考虑到使用酒精洗涤可以改善羟基磷灰石粉体的分散性，所以用酒精洗涤三到四遍。

⑦ 把得到的固体放入坩埚中，置于 120℃ 的干燥箱中干燥 2h。取出后用玛瑙研钵进行研磨，得到超细粉末，放入烧结炉中烧结 2h，烧结温度为 800℃，获得亮白色 HA 粉末。

五、实验结果和处理

产品外观：_____

产量：_____

六、思考题

1. 羟基磷灰石常见制备方法有哪些？

2. 化学沉淀法制备羟基磷灰石的制备要点主要有哪些？

七、参考文献

[1] 于方丽，周永强，张卫珂，马景云. 羟基磷灰石生物材料的研究现状、制备及发展前景 [J] .2006 (2)：7-12.

[2] Joachim Koetz, Kornelia Gawlitza, Sabine Kosmella. Formation of organically and inorganically passivated CdS nanoparticles in reverse microemulsions [J] .Colloid Polym. Sci.，2010，288 (3)：257-263.

[3] Kothapalli. C，Wei. M，Vasiliev A，et al. Influence of temperature and concentration on the sintering behavior and mechanical properties of hydroxyapatite [J] .Acta Materialia，2004，52 (19)：5655-5663.

实验33 磷酸三钙的制备

一、实验目的

1. 了解磷酸三钙常用的制备方法。
2. 掌握低热固相反应合成磷酸三钙。
3. 熟悉过滤、沉淀、离心等操作。
4. 了解 X 射线衍射、红外光谱和透射电镜用以表征粒子。

二、实验原理

磷酸三钙（TCP）是生物降解或生物吸收型生物活性陶瓷材料之一，当它被植入人体后，降解出来的 Ca、P 能进入活体循环系统形成新生骨，因此它可作为人体硬组织如牙和骨的理想替代材料，具有良好的可生物降解性、生物相容性和生物无毒性。目前，研究、应用较为广泛的生物降解陶瓷是 TCP 以及 TCP 和其他磷酸钙的混合物。通过不同的制备工艺来改变材料的理化性能，如空隙结构、机械强度、生物吸收率等，可以满足不同的临床应用要求。

TCP 粉末的制备往往采用湿法、干法或水热法。其中水热法应用较少，一般是在水热条件下，控制一定温度和压力，以 $CaHPO_4$ 或 $CaHPO_4 \cdot 2H_2O$ 为原料合成得到晶粒直径更大、晶格完整的 TCP 粉末。湿法一般有两类：一类是酸、碱溶液直接反应，即在室温将一定浓度的磷酸滴加入 $Ca(OH)_2$ 悬浮液中，静置沉淀后过滤，得到 TCP 原粉，此法反应的唯一副产物是水，故沉淀无须洗涤，干燥后煅烧即得 TCP 粉末；另一类是可溶性钙盐和磷酸盐反应，一般是在室温、搅拌条件下，将一定浓度的 $(NH_4)_2HPO_4$ 水溶液按一定的速度滴加到 $Ca(NO_3)_2$ 溶液中，经陈化、过滤洗涤、干燥、煅烧成 TCP 粉末。采用湿法所得粉末，可制得独有孔隙结构的陶瓷块体。该陶瓷有丰富、均匀的微孔，较高的抗压强度，较好的溶解性能，孔隙可调控，是制备多孔 β-TCP 陶瓷较为理想的方法之一。

干法是在高温下（>900℃），以 $CaHPO_4 \cdot 2H_2O$ 和 $CaCO_3$ 或 $Ca(OH)_2$ 发生固相反应制备纯度较高的 TCP 粉末。干法制备的粉末晶体结构无晶格收缩，结晶性好；但粉末晶粒粗，组成不均匀，往往有杂相存在。

本实验通过 $Ca(OAc)_2 \cdot H_2O$（CP）与 $K_2HPO_4 \cdot 3H_2O$ 间的低热固相反应合成

TCP，大大降低了干法固相反应合成的温度，具有高产率、工艺过程简单等优点，使该功能材料的合成更加节能和环境友好。

用透射电镜、红外光谱仪和 X 射线衍射仪等对粉体进行表征，可分析其粒度、物相和结晶度。

三、仪器和试剂

1. 仪器

反应釜	1 套	烘箱	1 个
离心泵	1 个	傅里叶红外光谱仪	1 套
X 射线衍射仪	1 套	透射电镜	1 套

2. 试剂

$Ca(OAc)_2 \cdot H_2O(CP)$	A. R.	$K_2HPO_4 \cdot 3H_2O$	A. R.
无水乙醇	A. R.	超纯水	

四、实验步骤

1. 磷酸三钙的制备

在设定起始反应物 Ca 与 P 的摩尔比为 3：2 的条件下，分别称取一定量的 $Ca(OAc)_2 \cdot H_2O$ (CP) 与 $K_2HPO_4 \cdot 3H_2O$，室温将其研磨后混合均匀，在研钵中继续研磨 40min。然后将其转移至试管中，置于 60℃ 油浴中加热继续反应 10h。再将样品依次用蒸馏水、二次水洗涤，抽滤后 120℃ 烘干，制得 TCP 原粉。将制得的 TCP 原粉在马弗炉中于 800℃ 焙烧 3h，自然降温得 TCP 结晶产物。

2. 产品检测

用 X 射线衍射仪测定产物物相，用红外光谱仪检测其结构，用透射电镜直接观察样品粒子的尺寸和形貌。

五、实验结果和处理

产品外观：_____

产量：_____

六、思考题

1. 制备磷酸三钙的方法都有哪些？各有何优缺点？

2. 如何检验颗粒是否呈球形？

七、参考文献

[1] Osaka A，Miura R，Taeuchi K，et al. Calcium apatite prepared from calcium hydroxide and orthophosphoric acid [J]. J Mater Med，1991，2 (1)：51-55.

[2] 李朝阳，杨德安，徐廷献. 可降解磷酸三钙的制备及应用 [J]. 硅酸盐通报，2003，(3)：30-34.

[3] 赵文华，楼涛，汪学军，孙锡泉，吕丽永. 纳米 β-磷酸三钙的制备与表征. 化学世界，2016，4：234-239.

实验34　α-Fe₂O₃红色滤光片的制备

一、实验目的

1. 了解环氧化物溶胶凝胶法的原理。
2. 掌握溶胶的制备方法和旋涂法制备光学薄膜的方法。
3. 掌握光学薄膜的表征方法。

二、实验原理

α-Fe$_2$O$_3$ 纳米粒子薄膜可作为红色滤光片应用在现代光学设备中，其可吸收屏蔽波长为 550nm 以下可见光，而使波长为 $550\sim770$nm 的红光通过。另一方面，由于纳米粒子的粒径远小于可见光的波长，薄膜也可表现出高度的透明性。

溶胶凝胶法是以无机物或金属醇盐作为前驱体，在液相中将这些原料均匀混合并进行水解、缩合化学反应，形成稳定的透明溶胶体系，溶胶经陈化后胶粒间缓慢聚合，可形成三维空间网络结构的凝胶，凝胶网络间充满了失去流动性的溶剂，形成凝胶。环氧化物溶胶凝胶法是以无机盐为前驱体，通过环氧化物和金属水合离子之间的亲核加成反应而促进金属水合离子的水解和缩合反应［反应方程式(2-6)］，形成氢氧化物或氧化物的溶胶或凝胶。在本实验中，氯化亚铁和环氧丙烷之间的反应首先形成了 γ-Fe$_2$O$_3$ 纳米粒子溶胶，之后旋涂形成的 γ-Fe$_2$O$_3$ 纳米粒子薄膜在高温煅烧下相转变为 α-Fe$_2$O$_3$ 纳米粒子薄膜［反应方程式(2-7)］。

实验反应式：

$$[Fe(H_2O)_6]^{n+} + A^- + \underset{C-C}{\overset{O}{\triangle}} \rightleftharpoons [Fe(OH)(H_2O)_5]^{n-1} + \overset{H}{\underset{C-C}{\overset{\overset{O}{\oplus}}{\triangle}}} + A^-$$

$$\text{环打开} \downarrow$$

$$\underset{\underset{A}{|}}{\overset{\overset{OH}{|}}{-C-C-}}$$
$$\underset{H}{\overset{|}{}}$$

$$(2\text{-}6)$$

$$\gamma\text{-Fe}_2\text{O}_3 \xrightarrow{\text{高温煅烧}} \alpha\text{-Fe}_2\text{O}_3 \qquad (2\text{-}7)$$

三、仪器和试剂

1. 仪器

加热套	1个	橡胶管	2条
旋涂仪	1个	紫外可见分光光度计	1台
马弗炉	1个	超声波清洗器	1个
冷凝管	1个	烘箱	1个

| 100ml 磨口锥形瓶 | 2 个 | 50ml 量筒 | 1 个 |
| 100ml 烧杯 | 2 个 | | |

2. 试剂

| 四水合氯化亚铁 | A. R. | 载玻片 | |
| 环氧丙烷 | A. R. | 乙醇 | A. R. |

四、实验步骤

1. γ-Fe₂O₃ 溶胶的制备

首先在 100ml 磨口锥形瓶中加入 20ml 乙醇，然后加入 2.4g 四水合氯化亚铁并搅拌溶解形成透明的溶液，之后将 8ml 环氧丙烷加入到此溶液中并晃动搅匀。如图 2-4 连接仪器并打开冷凝水，同时打开加热套电源开关，将此混合液加热到沸腾，沸腾反应 30min 后形成不透明褐色悬浮液，此时将加热套电源开关关闭并冷却到室温，量取 10ml 悬浮液倒入 100ml 烧杯中，再加入 40ml 乙醇，将稀释后的悬浮液放入到超声波清洗器中振荡 10min，即可形成透明的 γ-Fe₂O₃ 溶胶。

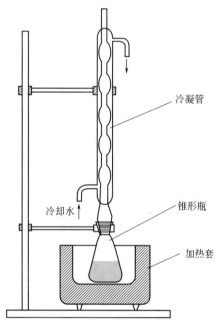

冷凝管

冷却水 ↑

锥形瓶

加热套

图 2-4 氧化铁溶胶制备的装置图

2. α-Fe₂O₃ 纳米粒子光学薄膜的制备

将载玻片放到旋涂仪托盘吸气口处，然后打开旋涂仪的吸气开关将载玻片吸附到托盘上，调节旋涂仪的转速和旋涂时间，再使用吸管吸取几滴 γ-Fe₂O₃ 溶胶滴到载玻片中心，之后启动旋涂开关进行旋涂。将旋涂有氧化铁溶胶的载玻片在室温下干燥 1h，再放入 80℃烘箱中干燥 1h，然后放入马弗炉中并加热到 550℃，加热处理 30min 后再冷却到室温，即可得到 α-Fe₂O₃ 红色滤光片。

五、实验结果与处理

采用紫外可见分光光度计测试 α-Fe₂O₃ 红色滤光片，将导出的数据使用 Origin 或 Excel 软件处理数据，可得到如图 2-5 所示紫外可见光谱。

六、思考题

1. 使用水作为溶剂是否可以形成 γ-Fe₂O₃ 溶胶？
2. 是否 α-Fe₂O₃ 纳米粒子薄膜越厚越好。

七、参考文献

[1] Wang B，Song Y，Cui H. Sol-gel preparation of highly transparent α-Fe₂O₃ film for the application in red color fil-

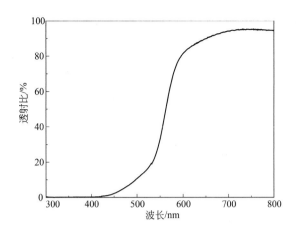

图 2-5　α-Fe$_2$O$_3$ 红色滤光片的紫外可见光谱

ter［J］. J. Sol-Gel. Sci. Technol.，2011，57：20 - 23.

［2］ Gash A E，Tillotson T M，SatcherJr J H，et al. New sol-gel synthetic route to transition and main-group metal oxide aerogels using inorganic salt precursors［J］. J. Non. Cryst. Solids，2001，285：22 - 28.

实验35　共沉淀法制备铝酸钇荧光材料

一、实验目的

1. 了解荧光材料的概念及应用。
2. 掌握共沉淀合成法的过程及特点。
3. 了解发光材料的常用表征手段。

二、实验原理

白光 LED 是一种全新的照明技术，利用半导体芯片和荧光粉的组合直接将电能转换成光能，具有节能、环保、便携等优点。铈离子掺杂的铝酸钇 Y$_3$Al$_5$O$_{12}$：Ce（YAG：Ce）荧光粉是白光 LED 的重要组成部分，是当前研究最多、应用最广泛的荧光材料之一。

基于 YAG：Ce 的白光 LED 是将 InGaN 芯片和 YAG：Ce 荧光粉封装在一起。InGaN 芯片将电激发能转换成蓝光发射，部分蓝光被 YAG：Ce 荧光粉吸收并转换成黄光，其余蓝光与荧光粉发出的黄光混合产生白光。目前，制备 YAG：Ce 荧光粉的方法主要有高温固相反应法、溶胶-凝胶合成法、水热合成法、化学共沉淀合成法等。

化学共沉淀合成法是把沉淀剂加入含有两种或两种以上金属离子的溶液中，使溶液中阳离子一起沉淀下来，生成沉淀混合物或固溶前驱体，并通过过滤、洗涤、热分解等步骤得到复合氧化物的合成方法。同传统高温固相法相比，化学共沉淀合成法可以获得纯度高、成分可控、均匀性好、尺寸细的粉体。同时，制备过程可有效降低烧结温度，具有节能环保的优点。

三、仪器和试剂

1. 仪器

电子天平	1台	烧杯	2个
离心机	1台	蒸发皿	1个
马弗炉	1台	X射线粉末衍射仪	1台
扫描电子显微镜	1台	荧光光谱仪	1台
红外光谱仪	1台		

2. 试剂

硝酸铝	A. R.	氧化钇	A. R.
硝酸铈	A. R.	碳酸氢铵	A. R.

四、实验步骤

称取适量 $Al(NO_3)_3$ 溶于二次水，制成 1.0mol/L $Al(NO_3)_3$ 溶液；称取适量氧化钇溶解于硝酸，制成 0.6mol/L $Y(NO_3)_3$ 溶液；称取适量 $Ce(NO_3)_3$ 溶解于二次水，制成 0.1mol/L $Ce(NO_3)_3$ 溶液。

量取 30ml $Al(NO_3)_3$ 溶液、14.7ml $Y(NO_3)_3$ 溶液、1.8ml $Ce(NO_3)_3$ 溶液配制成混合溶液于烧杯中。称取 10g NH_4HCO_3 溶解到 100ml 二次水中配制成溶液。在剧烈搅拌的条件下，将混合盐溶液逐滴加到 NH_4HCO_3 溶液中，滴定速度保持为 1ml/min，滴定完成后继续搅拌 30min。沉淀物离心分离，二次水和无水乙醇交替反复洗涤，在 100℃下干燥 30min 得到前驱体。前驱体置于刚玉坩埚中，在弱还原气氛（95％N_2/5％ H_2）下，1000℃焙烧 2h，即得最终产物。

保持其他条件不变，将 NH_4HCO_3 溶液逐滴加到混合盐溶液中，比较最终产物的微观形貌及发光性能。

用红外光谱仪对前驱体进行分析；在暗室中观察 YAG：Ce 荧光粉的发光特征；用扫描电子显微镜观察记录 YAG：Ce 前驱体和终产物的微形貌特征；用 X 射线粉末衍射仪观察记录 YAG：Ce 前驱体和终产物的衍射图谱，并分析粉体的相组成和结构；用荧光光谱仪测定粉体的激发和发射光谱。

五、实验结果与处理

① 记录扫描电子显微镜观察到的形貌特征。
② 记录 X 射线粉末衍射图谱，检索粉体的相组成和结构。
③ 记录 YAG：Ce 粉体的激发和发射光谱，并和其发光的颜色对照。

六、思考题

1. 正向滴定和反向滴定的差异在哪里？
2. 沉淀剂的选择依据是什么？

七、参考文献

［1］ 徐叙瑢，苏勉曾．发光学与发光材料．北京：化学工业出版社，2004．

［2］ Chiang C C，Tsai M S. Synthesis of YAG：Ce phosphor via different aluminum sources and precipitation processes ［J］．Journal of Alloys and Compounds，2006，416：265-269.

实验36　室温条件下铜（Ⅱ）化合物与NaOH的固相反应及表征

一、实验目的

1. 熟悉低热固相反应的基本知识，认识其在材料合成领域中的价值。
2. 认识固相反应与传统液相反应的异同。
3. 掌握 XRD 表征固相反应的原理和方法。

二、实验原理

低热是指温度低于100℃的反应温度条件。因此，低热固相反应是指在低于100℃的条件下，有固体物质直接参加的化学反应，它包括固-固、固-液、固-气反应，常见的是低热固-固反应。

20世纪80年代中后期开始，南京大学的忻新泉教授领导的小组在低热固相反应方面开展了系统和富有开创性的工作，发现了固相反应的许多规律。如在室温条件下许多固相反应就能很快完成；有些反应在液相中能够进行，而在固相中不能进行；有些反应在固相中能够进行，而在液相中不能进行；即使在固相和液相条件下都能进行，由于固相和液相反应的机理不同，有时相同的反应物还可能产生不同的产物。此外，低热固相反应还具有无化学平衡、反应存在潜伏期、拓扑效应等特殊规律。

本实验是通过铜（Ⅱ）化合物与 NaOH 的室温固-固相化学反应制备反应不同阶段的反应混合物，通过 X 射线衍射谱（XRD）确定其组成，获得有价值的实验结果，即铜（Ⅱ）化合物与 NaOH 的室温固-固相化学反应产物为 CuO，而其相应的液相化学反应产物为 $Cu(OH)_2$。相应的化学反应方程式为：

$$CuSO_4 \cdot 5H_2O(s) + 2NaOH(s) \longrightarrow CuO(s) + Na_2SO_4(s) + 6H_2O$$

三、仪器和试剂

1. 仪器

X 射线衍射仪	1 台	红外干燥箱	1 台
循环水真空泵	1 台	玛瑙研钵	2 支

2. 试剂

$CuSO_4 \cdot 5H_2O$	A. R.	CuO	A. R.
NaOH	A. R.	Na_2SO_4	A. R.

四、实验步骤

1. 反应

称取 2.5g $CuSO_4 \cdot 5H_2O(s)$ 和 0.8g NaOH(s) 分别放在两玛瑙研钵中研磨至粉状，然后将 NaOH 加入 $CuSO_4 \cdot 5H_2O$ 中，全部加入后再研磨，立即有黑色产物生成。室温下，充分研磨 20min，反应体系的颜色由浅蓝色完全变为黑色。

2. 分离

将上述黑色混合物等分为两份。一份以 A 表示，准备直接测量用；另一份用蒸馏水洗涤三次，抽滤，干燥后得黑色产物 B。

3. XRD 测量

用 X 射线衍射仪测量下列物质的衍射图，确定固相反应的产物组成。

① 标准 $CuSO_4 \cdot 5H_2O(s)$。

② 标准 CuO(s)。

③ 标准 $Na_2SO_4(s)$。

④ 未经处理的固相反应产物 A。

⑤ 固相反应产物经洗涤干燥后所得黑色产物 B。

4. 结束实验

五、实验结果和处理

处理前产品外观：_____

处理后产品外观：_____

产量：_____

六、思考题

1. 什么是低热固相反应？在本实验中，你发现室温固相反应容易进行吗？试对其反应过程进行描述。

2. XRD 测量结果中，你是否可以肯定 CuO（s）就是室温固相反应的产物，而不是在对混合物进行洗涤过程中发生液相反应的产物？

七、参考文献

[1] 周益明，忻新泉. 低热固相合成化学 [J]. 无机化学学报，1999，15（3）：273-292.
[2] 马烽，秦岩，陆丰艳，王晓燕. 棕榈酸-十六醇/二氧化硅相变储能材料的低热固相合成与表征. 材料工程，2014，10：71-74.
[3] 廖森，田晓珍，陈智鹏等. 固相反应合成掺铜磷酸锌锂 [J]. 科学通报，2009，54（11）：1524-1528.

实验 37　纳米BaTiO₃粉体的制备及其表征

一、实验目的

1. 掌握使用溶胶-凝胶法制备纳米 $BaTiO_3$ 粉体材料。

2. 学习和了解使用 X 射线衍射仪、激光粒度分析仪以及扫描电镜等测试方法对纳米粉体进行表征。

二、实验原理

钛酸钡是电子和精密陶瓷高新技术的关键性材料，具有高的介电常数，良好的铁电、压电、耐压基绝缘性能，广泛应用于体积小、容量大的微型电容器、电子计算机、压电陶瓷等领域，是电子陶瓷领域应用最广泛的材料之一。

溶胶-凝胶（Sol-Gel）法是指将金属的无机盐或醇盐水解成溶胶，然后使溶胶凝胶化，再将凝胶干燥焙烧后得到纳米粉体。

Sol-Gel 法的基本反应步骤如下。

（1）溶剂化：金属阳离子 M^{z+} 吸引水分子形成溶剂单元 $M(H_2O)_n^{x+}$，为保持其配位数，具有强烈释放 H^+ 的趋势。

$$M(H_2O)_n^{x+} \longrightarrow M(H_2O)_{n-1}(OH)_{(x-1)} + H^+$$

（2）水解反应：非电离式分子前驱物，如金属醇盐 $M(OR)_n$ 与水反应。

$$M(OR)_n + xH_2O \longrightarrow M(OH)_x(OR)_{n-x} + xROH \text{—} M(OH)_n$$

（3）缩聚反应：按其所脱去分子种类，可分为两类：

① 失水缩聚　—M—OH + HO—M— → —M—O—M— + H_2O

② 失醇缩聚　—M—OR + HO—M— → —M—O—M— + ROH

本实验采用醋酸钡和钛酸丁酯为原料，以溶胶-凝胶法制备纳米 $BaTiO_3$ 粉体，并对不同煅烧温度下处理的样品用 X 射线衍射法进行表征。

溶胶-凝胶具有产物颗粒小、粒度均匀、成分可控等优点，但煅烧过程中会产生有毒气体如 NO、NO_2，其反应时间较长。而直接沉淀法可一步生成纳米 $BaTiO_3$ 粉体，实验操作简单，具体反应为：

$$TiCl_4 + H_2O \longrightarrow TiOCl_2 + 2HCl$$

$$TiOCl_2 + BaCl_2 + 4NaOH \longrightarrow BaTiO_3 + 4NaCl + 2H_2O$$

经高温煅烧后即可得到纳米 $BaTiO_3$ 粉体。

三、仪器和试剂

1. 仪器

电子天平	1 台	电热恒温干燥箱	1 台
马弗炉	1 台	离心机	1 台
烧杯	5 个	磁力搅拌器	1 台
坩埚	5 个	pH 试纸	
离心管	6 个		

2. 试剂

醋酸钡	A. R.	氢氧化钠	A. R.
钛酸丁酯	A. R.	盐酸	A. R.

冰乙酸	A. R.	氨水	A. R.
氯化钡	A. R.		

四、实验步骤

1. 溶胶凝胶法制备纳米 $BaTiO_3$ 粉体

① 计算配置 20ml 0.3mol/L 钛酸钡前驱体所需要的醋酸钡（1.53g）和钛酸丁酯（2ml）的用量。

② 用量筒将 8ml 冰乙酸加入烧杯中，用移液管注入 2ml 去离子水，烧杯放在磁力搅拌器搅拌，加入醋酸钡直到溶解完全。再将 3ml 无水乙醇和 2ml 钛酸丁酯加入烧杯中，最后加入无水乙醇，使溶液达到 20ml，加热温度 60～70℃，直到形成凝胶。

③ 将上述凝胶连同烧杯放入 1000ml 大烧杯中，放入干燥箱中，在 120℃ 条件下干燥 12h。

④ 将干燥好的棕色凝胶碾碎后放入坩埚中，于 600℃ 5h 煅烧脱胶，即可获得纳米级别的钛酸钡粉体。

2. 直接沉淀法制备纳米 $BaTiO_3$ 粉体

① 用移液管移取三氯化钛（$TiCl_3$）3.5ml 放入烧杯中，移取 1.5ml 去离子水放入烧杯，使三氯化钛充分水解获得均匀的溶液。

② 配置 1.2mol/L 二氯化钡（$BaCl_2$），用量筒取 10.5ml 二氯化钡加入上述溶液中，混合均匀，制得反应液。

③ 将上述反应液放入磁力搅拌器加热搅拌，加入 4ml 6mol/L 氢氧化钠于反应液中，反应时间 15～20min，反应过程中用 pH 试纸检测 pH 值，用盐酸或氨水保持 pH 值不变。

④ 将所得沉淀物放入离心管中，离心速度为 4000r/min，离心时间 2min。用滴管转移上层分离液，再用无水乙醇按上述操作洗涤产物 2～3 次，最后在 60℃ 烘箱中干燥，得到样品，观察产物颜色，称量，并计算产率，得到纳米 $BaTiO_3$ 粉体。

3. 纳米氧化钇粉体的物相分析、粒度分布及其形貌表征

在专职教师的指导下，分别使用 X 射线衍射仪、激光粒度分析仪以及扫描电镜等大型仪器作为测试手段，对纳米氧化钇进行物相、粒度分布及形貌表征。

五、实验结果和处理

溶胶-凝胶制备纳米 $BaTiO_3$ 粉体粉体

理论产量：_____ g，实际产量_____ g；

产率：_____%。

六、参考文献

[1] 邵志鹏，江伟辉，冯果等. 沉淀法和 NHSG 法制备钛酸钡纳米粉体的对比研究 [J]. 陶瓷学报，2016，37（1）：44-48.

[2] 汪涛，吴建文，张钦峰. 溶胶-凝胶法制备钛酸钡纳米粉体研究 [J]. 中国陶瓷，2014，50(3)：14.

2.2 高分子材料

实验38 甲基丙烯酸甲酯的本体聚合

一、实验目的

1. 了解本体聚合的原理和特点。
2. 掌握本体聚合的合成方法及有机玻璃的生产工艺。
3. 了解聚合温度对产品质量的影响。

二、实验原理

甲基丙烯酸甲酯（Methyl methacrylates，MMA）通过本体聚合法可以制得有机玻璃。聚甲基丙烯酸甲酯（Polymethylmethacrylates，PMMA）由于有庞大的侧基存在，为无定形固体。最突出的性能是，具有高度的透明性，透光率达92％，密度小，耐冲击性强，低温性能好，广泛用于航空工业、光学仪器工业及日常生活中。

本体聚合是在没有任何介质存在下，单体本身在引发剂或直接在热、光、辐射作用下进行的聚合反应。此法的优点是生产过程比较简单，聚合物不需后处理，产品比较纯净，可直接聚合成各种规格的板、棒及管制品，但是，由于无热介质存在，且聚合过程黏度不断增加，所以聚合物又是热的不良导体，聚合放出的热量难以排除，从而造成局部过热，分子量不均匀。

单体甲基丙烯酸甲酯的本体聚合，按自由基反应，历程如下：

1. 链的引发

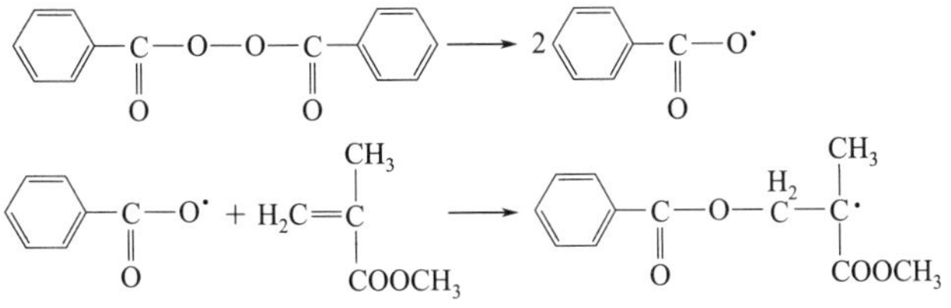

2. 链的增长

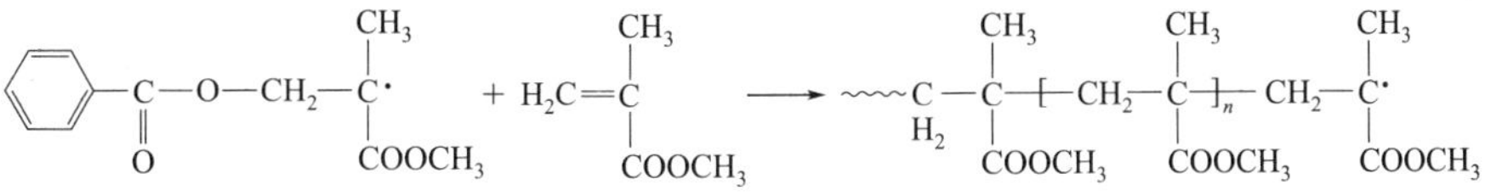

3. 链的终止

甲基丙烯酸甲酯在引发剂作用下发生聚合反应，放出大量的热，致使反应体系的温度不断升高，反应速度加快造成局部过热，使单体气化或聚合体裂解，制品便会产生气泡或空心。另一方面，由于甲基丙烯酸甲酯和它的聚合体密度相差甚大（前者 $0.94g/cm^3$，后者 $1.19g/cm^3$），因而在聚合时产生体积收缩，如果聚合热未经有效排除，各部分反应便不一致，收缩也不均匀，因而导致裂纹和表面起皱现象发生。为避免这种现象，在实际生产有机玻璃时常采取预聚成浆法和分步聚合法，整个过程分制模、制浆、灌浆聚合和脱模几个步骤。

在聚合反应开始前有一段诱导期，聚合率为零，体系黏度不变，在转化率超过 20％以后，聚合速率显著加快，而转化率达 80％以后，聚合速率显著减小，最后几乎停止，需要升高温度才能使之完全聚合。

三、仪器和试剂

1. 仪器

锥形瓶	1个	恒温水浴锅	1套
烧杯	1个	温度计	1支
烘箱	1台	量筒	1个
模具	1个	天平	1台

2. 试剂

甲基丙烯酸甲酯	A. R.	邻苯二甲酸二丁酯	A. R.
过氧化苯甲酰（BPO）	A. R.		

四、实验步骤

1. 模具制备

将两片玻璃（150mm×100mm）洗净烘干，在玻璃片之间垫好用玻璃纸包好的乳胶管，围成方形，留出灌料口，用铁夹夹紧，同时，取二支试管，洗净烘干。

2. 预聚

取甲基丙烯酸甲酯150ml放入锥形瓶中，加入引发剂 BPO0.5g、增塑剂邻苯二甲酸二丁酯10ml。为防止水汽进入锥形瓶内，可在瓶口包上一层玻璃纸，再用橡胶圈扎紧，用80～90℃水浴加热锥形瓶，至瓶内预聚物黏度与甘油黏度相近时立即停止加热，迅速用冷水使预聚物冷至室温。

3. 灌模

将上面所得的预聚物灌入模具中，灌模时不要全灌满，稍留点空间，以免预聚物受热膨胀溢出模外，用玻璃纸将模口封住。

4. 低温聚合反应

将灌好的模具放在烘干箱中，恒温在 40～50℃，保温 5～7h，低温聚合结束，抽掉胶管。

5. 高温聚合

抽掉胶管的模具在烘箱中继续升温至 90～100℃，保温 1h，然后停止加热，自然冷却至 40℃，取下模具，得到板材。

对于棒材，采用阶段升温方式，灌模以后，放入恒温水浴锅中，升温到 50℃，恒温 2h，60℃，恒温 2h，在 70℃时恒温 1h，待聚合物变硬后，继续升温至 90℃，半小时后取出自然冷却，即得棒材。

五、实验结果和处理

产品外观：_____

六、思考题

1. 为什么要进行预聚合？
2. 如最后产品中有气泡，试分析致成原因。
3. 加入邻苯二甲酸二丁酯的作用是什么？

七、参考文献

[1] 潘祖仁. 高分子化学（第 4 版）[M]. 北京：化学工业出版社. 2007.
[2] 张春庆，李战胜，唐萍等. 高分子化学与物理实验 [M]. 大连：大连理工大学出版社. 2014.

八、附注

预聚时不要剧烈振荡瓶子，以减少氧气在单体中的溶解。灌模时预聚物中如有气泡应设法排除。

实验 39 丙烯酰胺的水溶液聚合

一、实验目的

1. 掌握溶液聚合的原理及体系各组分要求。
2. 熟悉聚丙烯酰胺的实验室制备条件。

二、实验原理

将单体和引发剂溶于适当溶剂，在溶液状态下进行的聚合反应，叫做溶液聚合。与本体聚合相比，溶液聚合体系具有黏度低、搅拌和传热比较容易、不易产生局部过热、聚合反应容易控制等优点。但由于溶剂的引入，溶剂的回收和提纯使聚合过程复杂化。只有在直接使用聚合物溶液的场合，如涂料、胶粘剂、浸渍剂、合成纤维纺丝液等，使用溶液聚合才最为有利。

选择溶剂时要注意其对引发剂分解的影响、链转移作用、对聚合物的溶解性能的影响。丙烯酰胺为水溶性单体，其聚合物也溶于水，本实验采用水为溶剂进行溶液聚合。与以有机物作溶剂的溶液聚合相比，具有价廉、无毒、链转移常数小、对单体和聚合物的溶解性能好的优点。

聚丙烯酰胺是一种优良的絮凝剂，水溶性好，广泛应用于石油开采、选矿、化学工业及污水处理等方面。

三、仪器和试剂

1. 仪器

250ml 三口瓶	1个	19 口球形冷凝管	1个
100ml 量筒	1个	10ml 量筒	1个
1834A 乌氏黏度计	1个	旋转黏度计	1个
絮凝行为测试玻璃管	1个	温度计	1个

2. 试剂

丙烯酰胺	A. R.	甲醇	A. R.
过硫酸钾	A. R.	硅藻土	A. R.

四、实验步骤

① 250ml 三口瓶，中间安装搅拌器，两侧安装温度计、冷凝管。

② 将 10g 丙烯酰胺＋80ml 蒸馏水加入三口瓶中，搅拌，水浴加热至 30℃，单体溶解。

③ 将溶解在 10ml 蒸馏水中的 0.05g 过硫酸钾加入三口瓶中。

④ 逐步升温到 85～90℃，反应 2～3h。

⑤ 反应完，将产物倒入 150ml 甲醇中，边倒边搅拌，聚丙烯酰胺便沉淀下来。

⑥ 向烧杯中加入少量甲醇，观察是否还有沉淀生成，若有，则再加入少量甲醇（5～15ml），使沉淀完全。

⑦ 用布氏漏斗抽滤，少量甲醇洗涤三次，产物转移到一次性杯子中，30℃烘干，称重。

五、实验结果和处理

产品外观：_____

固含量：_____

产率：_____

特性黏度：_____

运动黏度：_____

絮凝性能：_____

六、思考题

1. 引发剂加入后反应温度是否升温越快越好？

2. 为什么先加单体再加引发剂，且要将引发剂溶解在溶剂中？

3. 如何选择引发剂？选择引发剂需要注意哪些因素？

七、参考文献

[1] 潘祖仁. 高分子化学. 第五版. 北京：化学工业出版社，2014.

[2] 王丽英，张旭，孙俊民，张永峰，曹珍珠. 高分子量两性聚丙烯酰胺长时间稳定的水分散体制备. 2014，30（8）：43-47.

实验40　醋酸乙烯酯乳液聚合-白乳胶的制备

一、实验目的

1. 掌握乳液聚合的方法及原理。

2. 掌握醋酸乙烯酯乳液聚合的实施方法，制备白乳胶。

3. 熟悉乳液聚合中各组分的作用。

4. 了解白乳胶的制备方法及其性能的测定方法。

二、实验原理

乳液聚合（Emulsion polymerization）是在乳化剂的作用下并借助于强烈的机械搅拌，使不溶于水或微溶于水的单体在水中分散成乳状液，由引发剂引发而进行的聚合反应。乳液聚合是高分子合成过程中常用的一种合成方法。

乳液聚合体系至少由单体、引发剂、乳化剂和水四组分构成，一般水与单体的配比（质量）为 $70/30 \sim 40/60$，乳化剂为单体的 $0.2\% \sim 0.5\%$，引发剂为单体的 $0.1\% \sim 0.3\%$；工业配方中常另加缓冲剂、分子量调节剂和表面张力调节剂等。所得产物为胶乳，可直接用以处理织物或作涂料和胶黏剂，也可把胶乳破坏，经洗涤、干燥得粉状或针状聚合物。

反应条件对乳液聚合的影响主要体现在以下方面。

1. 乳化剂的影响

乳化剂浓度的影响：对于在合理的乳化剂浓度范围内进行的正常乳液聚合来说，浓度越大，胶束数目按胶束机理生成的乳胶粒数目也就越多，当自由基生成速率一定时，自由基在乳胶粒中的平均寿命就越长，自由基就有充足的时间进行链增长，故可达到很大的分子量；同时，反应活性中心数目多，故自由基聚合反应速率 R_p 也越大。

临界胶束浓度、亲水亲油平衡值和三相平衡温度是乳化剂最重要的三个性能指标。将能够形成胶束的最低乳化剂的浓度称为"临界胶束浓度"。亲水亲油平衡值的大小反应乳化剂亲水、亲油性倾向的相对大小。三相平衡温度则是乳化剂在水中能够以分子分散、胶束和凝胶（即未完全溶解的乳化剂）三种状态稳定存在的最低温度。高于此温度时，凝胶完全溶解胶束，体系中只存在分子分散和胶束两种分散状态的乳化剂，此时的乳液就相当稳定；低于此温度时凝胶析出，胶束浓度大大降低，从而失去乳化作用。因此，必须选择三相平衡点低于聚合反应温度的乳化剂，才能够保证乳液聚合反应顺利进行。

2. 引发剂

（1）分子量：引发剂浓度增大时，自由基生成速率增大，链终止速率也增大，故使聚合物的平均分子量降低。

（2）反应速率：同时由于成核速率随引发剂浓度增大而增加，因此乳胶粒数目增大，聚合反应速率增大。

3. 搅拌强度

（1）搅拌的作用：是把单体分散成单体珠滴，并有利于传质和传热。

（2）搅拌强度太高，会使乳胶粒子数目减少，乳胶粒直径增大及聚合反应速率降低，同时会使乳液产生凝胶，甚至导致破乳。因此，对乳液聚合过程来说，应采用适当的搅拌速度。

4. 反应温度

反应温度对聚合反应速率和聚合物平均分子量的影响。反应温度升高，引发剂分解速率常数变大，在引发剂浓度一定时，自由基生成速率变大，致使在乳胶粒中链终止速率增大，故聚合物平均分子量降低；同时当温度升高时，链增长速率常数也增大，因而聚合反应速率提高。

反应温度对乳胶粒直径和数目的影响。反应温度升高，自由基生成速率大，使水相中自由基浓度增大。对水溶性小的单体，自由基从水相向增溶胶束中的扩散速率增大，即胶束成核速率增大，可生成更多的乳胶粒，即乳胶粒数目增多，粒径减小。

对水溶性较大的单体，在水相中的链增长速率常数增大，在水相可生成更多的低聚物链，使水相成核速率增大，也使乳胶粒数目增多，粒径减小。

反应温度对乳液稳定性的影响。当反应温度升高时，乳胶粒子布朗运动加剧，使乳胶粒子之间进行碰撞而发生聚结的概率增大，从而导致乳液稳定性降低；同时，温度升高，会使乳胶粒表面的水化层减薄，亦会导致乳液稳定性下降。特别是由聚乙二醇型非离子乳化剂稳定的乳液，当温度达到或超过该种乳化剂的浊点时，乳化剂将失去稳定作用而导致破乳。

醋酸乙烯单体的聚合反应是自由基型加聚反应，属连锁聚合反应，整个过程包括链引发、链增长和链终止三个基元反应。

① 链引发是不断产生单体自由基的过程。

$$K-O-\overset{\overset{\textstyle O}{\|}}{\underset{\underset{\textstyle O}{\|}}{S}}-O-O-\overset{\overset{\textstyle O}{\|}}{\underset{\underset{\textstyle O}{\|}}{S}}-O-K \longrightarrow 2K-O-\overset{\overset{\textstyle O}{\|}}{\underset{\underset{\textstyle O}{\|}}{S}}-O\cdot$$

$$K-O-\overset{\overset{\displaystyle O}{\|}}{\underset{\underset{\displaystyle O}{\|}}{S}}-O \cdot + H_2C=CH \longrightarrow K-O-\overset{\overset{\displaystyle O}{\|}}{\underset{\underset{\displaystyle O}{\|}}{S}}-O-CH_2-CH \cdot$$

（链引发反应中单体为醋酸乙烯酯，侧基为 $O-C=O-CH_3$）

② 链增长反应是极为活泼的单体自由基不断迅速地与单体分子加成，生成大分子自由基，链增长反应的活化能低，速度极快。

$$K-O-\overset{\overset{O}{\|}}{\underset{\underset{O}{\|}}{S}}-O-CH_2-CH \cdot + nH_2C=CH \longrightarrow K-O-\overset{\overset{O}{\|}}{\underset{\underset{O}{\|}}{S}}-O\left[CH_2-CH\right]_n CH_2-CH \cdot$$

③ 链终止反应是两个自由基相遇，活泼的单电子相结合而使链终止。

$$\cdots CH_2-CH \cdot + \cdot CH-CH_2 \cdots \longrightarrow \cdots CH_2-CH-CH-CH_2 \cdots$$

$$\cdots CH_2-CH \cdot + \cdot CH-CH_2 \cdots \longrightarrow \cdots CH_2-CH_2 + CH=CH \cdots$$

在乳液聚合中，为了使聚合反应平稳地进行，通常都需要将单体和引发剂分批次加入，或者采用连续滴加的方式。本实验分两步加入少许的单体、引发剂和乳化剂进行预聚合，可生成很小的乳胶粒子，再滴加单体，在一定的搅拌条件下使其在原来形成的乳胶粒子上继续生长得到的乳胶粒子，不仅粒度较大，而且粒度分布均匀。这样保证了乳胶在分子量较大时仍具有较低的黏度。

要把乳胶进一步加工成涂料，必须使用颜料和助剂。以下是常用的助剂及其功用。

① 分散剂（相润湿剂）：这类助剂能吸附在颜料粒子的表面，使水充分润湿颜料并向其内部孔隙渗透，使颜料能研磨分散于水相乳胶中，分散了的颜料微粒又不会聚集和絮凝。

② 增稠剂：能增加涂料的黏度，起到保护胶体和阻止颜料聚集、沉降的作用。

③ 防霉剂：加有增稠剂的乳胶漆，一般容易在潮湿的环境中长霉，故常在乳胶涂料中加入防霉剂。

④ 增塑剂和成膜助剂：涂覆后的乳胶漆在溶剂挥发后，余下的分散粒子须经过接触合并，才能形成连续均匀的树脂膜。

⑤ 消泡剂：涂料中存在泡沫时，在干燥的漆膜中形成许多针孔，消泡剂的作用就是去除这些泡沫。

⑥ 防锈剂：用于防止包装铁罐生锈腐蚀和钢铁表面在涂刷过程中产生锈斑的浮锈现象。

三、仪器和药品

1. 仪器

四口瓶	1个	搅拌器	1套
加热套	1台	量筒	3个
球形冷凝管	1个	恒压滴液漏斗	1个
烧杯	3个	温度计	1个
玻璃棒	1根		

2. 试剂

乙酸乙烯酯（新蒸馏）	A. R.	聚乙烯醇（PVA-1788）	A. R.
邻苯二甲酸二丁酯	A. R.	OP-10	A. R.
过硫酸钾	A. R.	碳酸氢钠	A. R.
蒸馏水			

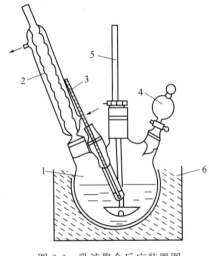

图 2-6 乳液聚合反应装置图

1—四口瓶；2—球形冷凝管；3—温度计；
4—漏斗；5—搅拌杆；6—加热套

四、实验步骤

1. 安装实验装置

250ml 的四口圆底烧瓶、机械搅拌器、温度计、球形冷凝管、恒温水浴，按照图 2-6 安装实验装置。

2. 加料

向四颈烧瓶中加入 10％聚乙烯醇（乳化剂）溶液 40ml、OP-10（助乳化剂）1ml，40ml 蒸馏水，6ml 乙酸乙烯酯，5ml 过硫酸钾水溶液（1g 过硫酸钾溶解于 80ml 的蒸馏水）。

3. 反应

开动机械搅拌器搅拌，加热至 70℃，保持温度不变。在 1h 内，分三阶段滴加剩余的单体和引发剂。第一个阶段 20min，每分钟加 4 滴乙酸乙烯酯，每 10min 滴加 13 滴过硫酸钾；第二个阶段 20min，每分钟加 6 滴乙酸乙烯酯，每 10min 滴加 13 滴过硫酸钾；第三个阶段 20min，每分钟加 7 滴乙酸乙烯酯，每 10min 滴加 10 滴过硫酸钾。再搅拌 5min，将温度升高至 90～95℃，升温速度以不产生泡沫为宜，在此温度下聚合至无回流液产生为止，保温 10min。

4. 后处理

冷却到 50℃，加入 10％NaHCO₃ 水溶液调节体系的 pH 为 2～4，加入邻苯二甲酸二丁酯 1.5g，充分搅拌后冷却至室温出料。观察乳液外观，取约 4g 乳液放入烘箱在 90℃下干燥，称取残留的固体质量，计算固含量。

5. 产品性能测试

① 黏度　用旋转黏度计测定。

② 固含量　称取一定量的乳液放在干燥的称量瓶中，在100℃下用烘箱干燥至恒重。固含量用质量百分数表示：固含量＝（干燥后乳液质量/干燥前乳液质量）×100%。

③ 粒径　将乳液用去离子水稀释至0.1%（质量分数）左右，然后用激光粒度仪测定其粒径的大小和粒径分布。

五、实验结果与处理

1. 产品的性质（见表2-2）

表2-2　产品性质

产品	气味	颜色	性状	备注

2. 产品的性能测试结果（见表2-3）

表2-3　产品性能测试结果

内　容	结　果
产品黏度	
固含量	
粒径大小	
粒径分布	

六、思考题

1. 固体为何要严格控制单体滴加速度和聚合反应温度？
2. 聚乙烯醇在反应中起什么作用？为什么要与乳化剂OP-10混合使用？
3. 白乳胶的稳定性受哪些因素影响？

七、参考文献

[1] 潘祖仁. 高分子化学［M］. 第5版. 北京：化学工业出版社，2014.
[2] 高炜斌，工海霞，李敏. 乳液聚合中单体醋酸乙烯酯与保护胶体聚乙烯醇的接枝反应研究. 中国胶粘剂，2005，7：1-5.
[3] 孙付霞，张悦庭. 影响聚醋酸乙烯酯（PVAc）乳液黏度的几种因数的探讨［J］. 化学与黏合，2003，3：119-120.

八、附注

① 滴定时，由于回流较大，难以看清楚滴液速度，所以最好采用在冷凝管上端滴定较好，可以依次滴定两种单体。

② 控制反应温度至关重要。由于反应大量放热，在一段时间内不宜采用加热或冷却的方法来控制温度，而应通过调节加料速度以使反应保持在一定的温度范围内。添加引发剂会使温度上升，添加单体可加快聚合速度，也导致温度升高，但由于单体的沸点（72～73℃）低于反应温度，因而加大了回流量而使热量散失。因此，可根据温度与回流情况来调节加料速度。

③ 引发剂不能一次加入或一次加入太多，否则聚合速度太快，反应热来不及散发，

可能造成爆聚（轻则冲料，重则爆炸）。

④ 单体滴定完成后，不需要把温度升高至90℃。当把温度升高到90℃时，没有反应完全的单体和引发剂可能导致反应加快，体系黏度增大明显，有爬杆现象。所以，可以把温度调节至80~83℃。

⑤ 实验过程进行到中后期时，要注意观察体系的黏度变化，如果发现体系黏度有增大的迹象，可以适当加入蒸馏水降低体系黏度，防止局部过热。

实验41　苯乙烯的悬浮聚合

一、实验目的

1. 学习悬浮聚合的实验方法，了解悬浮聚合的配方及各组分的作用。

2. 了解控制粒径的成珠条件及不同类型悬浮剂的分散机理、搅拌速度、搅拌器形状对悬浮聚合物粒径等的影响，并观察单体在聚合过程中的演变。

二、实验原理

悬浮聚合是通过强力搅拌并在分散剂的作用下，把单体分散成无数的小液珠悬浮于水中，由油溶性引发剂引发而进行的聚合反应。在悬浮聚合体系中，单体不溶或微溶于水，引发剂只溶于单体，水是连续相，单体为分散相，是非均相聚合反应。但聚合反应发生在各个单体液珠内，对每个液珠而言，从动力学的观点看，其聚合反应机理与本体聚合一样，每一个微珠相当于一个小的本体，因此悬浮聚合也称小珠本体聚合。单体液珠在聚合反应完成后成为珠状的聚合产物。悬浮聚合克服了本体聚合中散热困难的问题，但因珠粒表面附有分散剂，使纯度降低。

苯乙烯（Styrene）通过聚合反应生成如下聚合物。反应式如下：

$$n \underset{}{\overset{HC=CH_2}{\bigodot}} \xrightarrow[\text{加热}]{\text{引发剂}} \underset{}{\overset{\begin{array}{c}C=C\end{array}}{\bigodot}}$$

在悬浮聚合过程中，不溶于水的单体依靠强力搅拌的剪切力作用形成小液滴分散于水中，单体液滴与水之间的界面张力使液滴呈圆珠状，但它们相互碰撞又可以重新凝聚，即分散和凝聚是一个可逆过程。当微珠聚合到一定程度，珠子内粒度迅速增大，珠与珠之间很容易碰撞黏结，不易成珠子，甚至黏成一团。为了阻止单体液珠在碰撞时不再凝聚，必须加入分散剂，选择适当的搅拌器与搅拌速度。分散剂在单体液珠周围形成一层保护膜或吸附在单体液珠表面，在单体液珠碰撞时，起隔离作用，从而阻止或延缓单体液珠的凝聚。

悬浮聚合分散剂主要有两大类。

（1）水溶性的高分子：如聚乙烯醇、明胶、羟基纤维素等。

（2）难溶于水的无机物：如碳酸钙、滑石粉、硅藻土等。

由于分散剂的作用机理不同（见图2-7），在选择分散剂的种类和确定分散剂用量时，要随聚合物种类和颗粒要求而定，如颗粒大小、形状、树脂的透明性和成膜性能等。同时也要注意合适的搅拌强度和转速，水与单体比等。悬浮聚合产物的颗粒尺寸大小与搅拌速度、分散剂用量及油水比（单体与水的体积比）成反比。

水溶性高分子

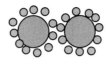

难溶于水的无机物

图 2-7　悬浮聚合分散剂作用机理示意图

由于悬浮聚合过程中存在分散-凝聚的动态平衡，随着聚合反应的进行，一般当单体转化率达 25％左右时，由于液珠的黏性开始显著增加，使液珠相互黏结凝聚的倾向增强，易凝聚成块，在工业生产上常称这一时期为"危险期"，这时特别要注意保持良好的搅拌。由于悬浮聚合在液珠黏性增大后易凝聚成块而导致反应失败，因此，该方法不适于制备黏性较大的高分子，如橡胶等。

悬浮聚合优点：

① 聚合热易扩散，聚合反应温度易控制，聚合产物分子量分布窄；

② 聚合产物为固体珠状颗粒，易分离、干燥。

悬浮聚合缺点：

① 存在自动加速作用；

② 必须使用分散剂，且在聚合完成后，很难从聚合产物中除去，会影响聚合产物的性能（如外观、老化性能等）；

③ 聚合产物颗粒会包藏少量单体，不易彻底清楚，影响聚合物性能。

反相悬浮聚合：把水溶性的单体分散于有机溶剂中，由水溶性引发剂引发的聚合反应。

三、仪器和试剂

1. 仪器

三口瓶	1个	搅拌器	1套
加热套	1只	量筒	3只
回流冷凝管	1只	烧杯	3只
抽滤瓶	1套	表面皿	1个

2. 试剂

| 苯乙烯（新蒸） | A. R. | 聚乙烯醇 | A. R. |
| 过氧化苯甲酰（BPO） | A. R. | 蒸馏水 | |

四、实验步骤

1. 安装实验装置

如图 2-8 安装三颈瓶（250ml）、搅拌器、温度计、回流冷凝管等仪器。

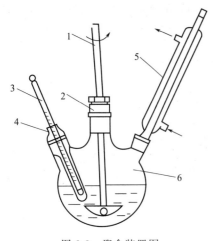

图 2-8 聚合装置图

1—搅拌器；2—聚四氟密封套；3—温度计；
4—搅拌器套管；5—冷凝管；6—三口烧瓶

2. 加料

用分析天平准确称取 0.3g 过氧化二苯甲酰加入三口烧瓶中，再准确量取 15.0g 聚苯乙烯单体加入瓶中，轻轻搅拌，待过氧化二苯甲酰完全溶解后，再用量筒取 20ml 1.5%聚乙烯醇溶液加入三口烧瓶，最后加入 130ml 去离子水。

3. 聚合

通冷凝水，启动搅拌并控制在一恒定转速，在 20~30min 内将温度升至 85~90℃，开始聚合反应。在反应 1h 以后，体系中分散的颗粒开始发黏，此时一定要注意控制好搅拌速度。在反应后期可将温度升至反应温度上限，以加快反应，提高转化率。当反应 1.5~2h 后，可用吸管取少量颗粒于表面皿中进行观察，如颗粒变硬发脆，可结束反应。

4. 后处理

停止加热，一边搅拌一边用冷水将三口烧瓶冷却至室温，然后停止搅拌，取下三口烧瓶。产品用布氏漏斗过滤，并用热水洗数次。最后产品在 50℃鼓风干燥箱中烘干，称重，计算产率。

五、实验结果和处理

产品外观：＿＿＿＿＿＿＿＿＿＿＿＿＿＿＿

产量：＿＿＿＿＿＿＿＿＿＿＿＿＿＿＿＿＿

六、思考题

① 悬浮聚合的原理以及各组分的作用是什么？悬浮聚合成败的关键何在？

② 如何控制聚合物粒度？

③ 试分析分散剂的作用是什么？

④ 聚合过程中油状单体变成黏稠状最后变成硬的粒子现象如何解释？

七、参考文献

[1] 王俏，张玉琦，刘勇．苯乙烯悬浮聚合工艺条件优化 [J]．化学与生物工程．2010.27（4）：71-73.

[2] 潘祖仁．高分子化学 [M]．第 5 版．北京：化学工业出版社．2014.

[3] 董素芳．PS 的悬浮聚合中悬浮剂的应用 [J]．2010 年塑料助射生产与应用技术、信息交流会论文集．2010：372-374.

[4] 张建丽，迟长龙．苯乙烯悬浮聚合粒度的控制 [J]．河南工程学院学报．2008.20（1）：57-59.

八、附注

① 反应时搅拌要快，均匀，使单体能形成良好的珠状液滴。

② （80±1）℃保温阶段是实验成败的关键阶段，此时聚合热逐渐放出，油滴开始变黏

易发生粘连，需密切注意温度和转速的变化。

③ 如果聚合过程中发生停电或聚合物粘在搅拌棒上等异常现象，应及时降温终止反应并倾出反应物，以免造成仪器报废。

实验42 聚苯胺的电化学合成

一、实验目的

1. 了解导电聚合物的基本原理和应用价值。
2. 掌握利用电化学方法合成聚苯胺的实验方法。

二、基本原理

自 1984 年 MacDiarmid 在酸性条件下，由聚合苯胺单体获得具有导电性聚合物至今的十几年间，聚苯胺成为现在研究进展最快的导电聚合物之一。其原因在于，聚苯胺具有以下诱人的独特优势：①原料易得，合成简单；②拥有良好的环境稳定性；③具有优良的电磁微波吸收性能、电化学性能、化学稳定性及光学性能；④独特的掺杂现象；⑤潜在的溶液和熔融加工性能。聚苯胺被认为是最有希望在实际中得到应用的导电高分子材料。以导电聚苯胺为基础材料，目前正在开发许多新技术，例如电磁屏蔽技术、抗静电技术、船舶防污技术、全塑金属防腐技术、太阳能电池、电致变色、传感器元件、催化材料和隐身技术。1991 年，美国的 Allied Singal 公司推出的牌号为 Ver2sicon 的聚苯胺和牌号为 Incoblend 的聚苯胺/聚氯乙烯共混物塑料产品，成为最先工业化的导电高分子材料。聚苯胺是结构型导电聚合物家族中非常重要的一员。MacDiarmid 等人将聚苯胺的化学结构表示如图 2-9 所示。

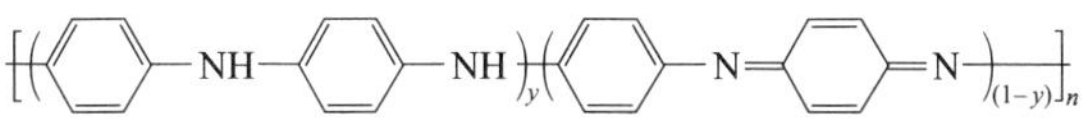

图 2-9 聚苯胺分子结构式

$(1-y)$ 的值代表了聚苯胺的氧化状态。当 $y=1$ 时，称为"全还原式聚苯胺"；当 $y=0$ 时，称为"全氧化式聚苯胺"；当 $y=0.5$ 时，称为"部分氧化式聚苯胺"。部分氧化式聚苯胺通过质子酸掺杂后，其电导率可达 $10 \sim 100 S/cm$。

聚苯胺的合成有多种方法，其中聚苯胺的电化学聚合法主要有：恒电位法、恒电流法、动电位扫描法以及脉冲极化法。一般都是苯胺在酸性溶液中，在阳极上进行聚合。电极材料、电极电位、电解质溶液的 pH 值及其种类对苯胺的聚合都有一定的影响。操作过程如下：氨与氢氟酸反应制得电解质溶液，以铂丝为对电极，铂微盘电极为工作电极，Cu/CuF_2 为参比电极，在含电解质和苯胺的电解池中，以动电位扫描法（$E=0.6 \sim 2.0V$）进行电化学聚合，反应一段时间后，聚苯胺便牢固地吸附在电极上，形成坚硬的聚苯胺薄膜。

聚苯胺的形成是通过阳极偶合机理完成的，具体过程见图 2-10。

图 2-10　聚苯胺形成阳极耦合机理

聚苯胺链的形成是活性链端（—NH$_2$）反复进行上述反应，不断增长的结果。由于在酸性条件下，聚苯胺链具有导电性质，保证了电子能通过聚苯胺链传导至阳极，使增长继续。只有当头-头偶合反应发生，形成偶氮结构，才使得聚合停止。

三、仪器与试剂

1. 仪器

150ml 烧杯	2 个	导电玻璃	1 个
铜导线	1 个	115V 电池	2 个
可变电阻器	1 台	电化学工作站	1 台

2. 试剂

苯胺	A. R.	浓 HNO$_3$	A. R.
KCl	A. R.		

四、实验步骤

① 配制 3mol/L HNO$_3$ 溶液：12mol/L 的浓 HNO$_3$ 25ml 稀释至 100ml。

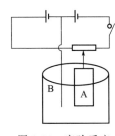

图 2-11　实验反应装置图

② 配制 0.1mol/L HNO$_3$ 和 0.5mol/L KCl 混合溶液：量取 3mol/L HNO$_3$ 1.5ml，稀释至 45ml，再加入 KCl1.7g，混合均匀。

③ 烧杯中加 40ml 3mol/LHNO$_3$ 和 3ml 苯胺，混合均匀。

④ 照图 2-11 连接电路，将可变电阻调至 0.6～0.7V。

⑤ 闭合电路，通电 20～30min 后断电；在导电玻璃制成的工作电极表面形成一层绿色的 PAN 镀层。

⑥ 将两电极移入盛有 0.5mol/L KCl 和 0.1mol/L HNO$_3$ 混合溶液的烧杯中。

⑦ 改变电阻，观察现象。

五、实验结果与处理

考查实验条件，如外加电压、所用酸的种类及浓度等，会影响膜的形成速度、形态以及电变色的循环周期。

六、思考题

1. 为什么要对苯胺进行纯化处理？
2. 电极颜色为何会发生变化？

七、参考文献

[1] 李星玮，居明，李晓宣. 用于腐蚀与防护的导电聚苯胺研究新进展. 材料导报，2001，15，42-43.
[2] 徐磊，王玮. 聚苯胺修饰活性碳电极的电化学性能. 科技导报，2011，29，68-71.

实验43 聚氨酯泡沫塑料的制备

一、实验目的

1. 掌握逐步聚合预聚体的合成及其固化方法。
2. 掌握聚氨酯泡沫塑料的制备方法。

二、基本原理

聚氨酯是由异氰酸酯和羟基化合物通过逐步加成聚合反应得到的聚合物，具有优良特性，在各方面得到广泛应用。聚氨酯泡沫塑料按其柔韧性的大小可分为：软泡沫和硬泡沫两大类，也可根据泡沫中气孔形状分为开孔型和闭孔型。软泡沫原料集中于异氰酸酯与双官能团长链聚醚，而硬泡沫原料集中于多官能团的异氰酸酯与多官能团的聚醚/聚酯。在泡沫制备过程中，主要发生三个化学反应。

（1）加成反应

$$O=C=N-R-N=C=O + HO{\sim\sim\sim}OH \longrightarrow {\sim\sim\sim}NH-\overset{\overset{\textstyle O}{\|}}{C}-O{\sim\sim\sim}$$

（2）发泡反应

$$O=C=N-R-N=C=O + H_2O \longrightarrow {\sim\sim\sim}NH-\overset{\overset{\textstyle O}{\|}}{C}-OH \longrightarrow {\sim\sim\sim}NH_2 + CO_2\uparrow$$

反应过程中产生大量二氧化碳，同时由于反应体系黏稠度大，致使在体系内部扩充成许多气泡的泡沫体，形成发泡聚氨酯材料。

（3）交联反应

$$\sim\sim\sim N=C=O + {\sim\sim\sim}NH-\overset{\overset{\textstyle O}{\|}}{C}-O{\sim\sim\sim} \longrightarrow {\sim\sim\sim}\underset{\underset{\textstyle HN}{\underset{\textstyle |}{\underset{\textstyle O=C}{|}}}}{N}-\overset{\overset{\textstyle O}{\|}}{C}-O{\sim\sim\sim}$$

反应导致支化、交联，以促使将二氧化碳保留在泡沫体内。

在此三步反应过程中，还需要加入催化剂，如有机锡、叔胺等，可加快异氰酸酯、水、羟基醇之间的反应，促使泡沫体迅速生成。

三、仪器与试剂

1. 仪器

250ml 烧杯	1 个	机械搅拌器	1 个
玻璃棒	1 个	纸杯	3 个
烘箱	1 台		

2. 试剂

甲苯二异氰酸酯	A. R.	辛酸亚锡	A. R.
二氯甲烷	A. R.	防老剂	A. R.
硅油	A. R.		

四、操作步骤

① 将甲苯二异氰酸酯外的组分按质量称取放入一个烧杯中，然后加入一定质量的甲苯二异氰酸酯，迅速搅拌 30s，观察发泡过程。

② 室温静置 20min 后，将泡沫在 90～120℃烘箱中熟化 1h，移出至室温。

③ 按照高、中、低密度的三种配方各制备一次。

五、实验结果和处理

产品外观：_____

产率：_____

比表面积：_____

六、思考题

① 对比三种配方制备的聚氨酯泡沫的性能，分析影响密度的因素有哪些？

② 聚氨酯泡沫塑料的软硬由哪些因素决定？

③ 如何保证均匀的泡孔结构？

七、参考文献

[1] 梁辉等主编. 高分子化学实验. 北京：化学工业出版社，2004.

实验44 界面聚合反渗透膜的制备及表征

一、实验目的

1. 了解膜在反渗透海水淡化作用机理及界面聚合法的优势。

2. 掌握界面聚合法制备膜的基本方法。

二、实验原理

界面聚合法是以 P. W. Morgan 的聚合原理为基础，使带有双官能团或三官能团的反应物在互不相溶的两相界面处聚合成膜。一般是先将多孔基膜浸入含有活泼单体或预聚物的水溶液中，排除过量的单体溶液，然后再浸入含有另一种活泼单体的有机溶液中进行液-液界面缩聚反应，再对膜进行后处理，如热处理、离子辐射或水解荷电化等，使聚合反应进一步进行，使膜达到理想的分离性能。界面聚合法制备复合膜的示意图如图 2-12 所示。

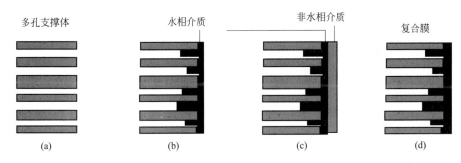

图 2-12　界面聚合发制备复合膜

界面聚合法制得的超薄脱盐层的厚度可以小于 50nm，可得到高通量的复合膜。该法的关键是选取好基膜，选择好两相溶液中的浓度配比，控制好反应物在两相中的扩散速率，以使膜表面的疏松程度合理化，获得理想分离性能的膜。本实验制备间苯二胺（MPD）/均苯三甲酰氯（TMC）复合膜的反应原理如图 2-13 所示。

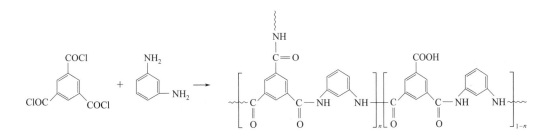

图 2-13　MPD/TMC 反渗透膜的制备反应式

三、仪器和试剂

1. 仪器

扫描电子显微镜	1 台	红外光谱仪	1 台
扫描探针显微镜	1 台	电导率仪	1 台
pH 计	1 个	膜性能评价仪	1 套

2. 试剂

均苯三甲酰氯	A. R.	氯化钠	A. R.
氢氧化钠	A. R.	氯化镁	A. R.

聚砜基膜	工业级	无水硫酸钠	A. R.
间苯二胺	A. R.	无水硫酸镁	A. R.
正己烷	A. R.		

四、实验步骤

① 水相配制：将一定量的 MPD 溶于去离子水中，浓度为 2%；用氢氧化钠作为酸接受剂调节水相 pH 值到 11 左右，砂芯漏斗过滤后备用。

② 有机相配制：将一定量的 TMC 溶解在正己烷中，调节浓度为 0.15%。

③ 先将湿态的聚砜基膜的上表面浸入水相溶液中 3min，排出多余的水溶液，然后将此膜浸入有机相中反应 1min，在空气中干燥 1min，再经 75℃热处理 12min，用去离子水漂洗得到 MPD/TMC 复合膜。每种膜平行制备 3 张，性能报告取其平均值。

④ 配制浓度为 2g/L 的氯化钠水溶液、在操作压力 1.6MPa 和温度（25±1）℃的条件下测试膜分离性能。

⑤ 盐溶液浓度分析采用 DDS-11A 电导率仪测量，电导率不仅和浓度有关，与温度也有很大关系。测试过程中，原液和透过液电导必须在同一温度下测得。

⑥ 计算水通量和截留率。

溶质截留率定义如下：

$$R = \left\{ 1 - \frac{C_2}{C_1} \right\} \times 100\%$$

式中，R 为溶质截留率；C_1 为进料液中溶质浓度，mg/L；C_2 为渗透液中溶质浓度，mg/L。

水通量经量筒量取透过液体积后计算得到：

$$F = \frac{V}{St}$$

式中，F 为水通量，$L/(m^2 \cdot h)$；V 为透过水的体积，L；S 为膜有效面积，m^2；t 为透水时间，h。

五、实验结果和处理

产品外观：＿＿＿＿＿＿＿＿＿＿＿＿＿＿

水通量：＿＿＿＿＿＿＿＿＿＿＿＿＿＿

截留率：＿＿＿＿＿＿＿＿＿＿＿＿＿＿

六、思考题

1. 膜的厚度对水通量会有怎样的影响？

2. 单体浓度对膜性能有何影响？

3. 为什么要调节水相中的 pH 值？

七、参考文献

[1] Baroña, Garry Nathaniel B, Lim Joohwan, Choi Mijin, Jung Bumsuk. Interfacial polymerization of polyamide-

aluminosilicate SWNT nanocomposite membranes for reverse osmosis. Desalination (Sep 16, 2013): 138-147.

实验45 甲壳素的制备

一、实验目的

掌握以蟹壳为原料制备甲壳质的工艺方法。

二、实验原理

甲壳素（Chitin），又称甲壳质、几丁质、壳多糖等。1811年，法国科学家 H·Braconnot 在进行蘑菇研究时从霉菌发现了甲壳素。在蟹等硬壳中，含甲壳素 15%～20%，碳酸钙 75%。甲壳素是聚-2-乙酰胺基-2-脱氧-D-吡喃葡萄糖，以 β-(1,4) 糖苷键连接而成，是一种线形的高分子多糖，即天然的中性黏多糖。它的分子结构与纤维素有些相似，基本单位是壳二糖（Chitobiose），其结构式如图 2-14 所示。

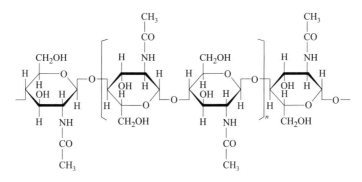

图 2-14 甲壳素结构式

在一般条件下，甲壳素不能被生物降解，不溶于水和稀酸，也不溶于一般有机溶剂。食品工业及水产加工地区有大量虾皮、虾头，蟹壳等下脚，可以利用来制备甲壳素。

甲壳素都是与大量的无机盐和壳蛋白紧密在一起的。因此，制备甲壳素主要有脱钙和脱蛋白两个过程。用稀盐酸浸泡虾、蟹壳，然后再用稀碱液浸泡，将壳中的蛋白质萃取出来，最后剩余部分就是甲壳素。从虾、蟹壳中提取甲壳素的传统方法一般有，酸浸脱盐（主要为钙盐）、碱煮脱蛋白和氧化脱色三步。甲壳素提取工艺流程见图 2-15。

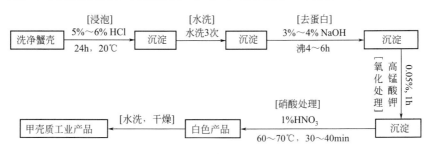

图 2-15 甲壳素提取工艺流程

完成产品的提取后，需要对提取的甲壳素进行产品质量分析，需重点考察蟹壳提取物的分子特性，脱蛋白和脱盐是否完全。

三、仪器和试剂

1. 仪器

1000ml 烧杯	1个	500ml 量筒	1个
粉碎机	1套	电炉	1个
水浴锅	1个	恒温箱	1个
玻棒	1个	天平	1套

2. 试剂

新鲜虾壳、蟹壳	市售	0.5‰ $KMnO_4$ 溶液	化学纯
5％ HCl 溶液	化学纯	1％ HNO_3 溶液	化学纯
3％ NaOH 溶液	化学纯		

四、实验步骤

1. 甲壳素的提取

（1）材料的准备。将虾壳或蟹壳洗净、烘干，并研磨至 $d<2mm$ 的粉末状。浸泡，除钙质。称取干净的虾壳或蟹壳 5g，放置于 200ml 的烧杯中，将 75ml 5％盐酸溶液缓缓地加入到烧杯中，并不断地搅拌，后室温（20℃）浸泡 24h，以充分除去蟹壳中的钙质。后去上清，水洗沉淀 3 次至中性。

（2）去蛋白。加 3％ NaOH 溶液 75ml 于上述沉淀中，煮沸 4～6h 或室温放置 10h，并不断搅拌，以除去蛋白质。后去上清，并水洗沉淀 3 次，以除去残留的碱及蛋白质。

（3）氧化脱色。用 0.5‰ $KMnO_4$ 溶液 2ml，搅拌浸泡沉淀 1h，再用 1％ HNO_3 溶液 2ml 于 60～70℃水浴 30～40min 至脱色。

去上清，得白色产品，水洗，干燥即可。

2. 产品质量分析

（1）红外吸收光谱分析　取蟹壳提取物和市售甲壳素，用 KBr 压片法，分别绘制红外吸收光谱，比较其特征吸收，若两者图谱一致，可证明蟹壳提取甲壳素的分子基团特征与对照品一致。

（2）蛋白质检查　取产品 10g，加 1mol/L 氢氧化钠溶液回流煮沸 2h，离心。取上层清液加双缩脲试剂，若不显紫红色，可证明本工艺条件脱蛋白符合要求。

（3）炽灼残渣检查　将测定过水分的样品（干重已知）放入恒重的坩埚（W）中，将盛有样品的坩埚放在万用电锅上，盖子微微打开，烤至黑色，不冒烟为止，冷却到室温后，将其放入马弗炉中，靠里放，盖子微微打开，550℃条件下放置 6h。冷却到室温后，称重（W_1）。按下式计算灰分含量，每个样品应取三个平行样品进行测定，取平均值。灰分在 5％以上，允许相对偏差为 1％；灰分在 5％以下，允许相对偏差为 5％。

$$灰分含量（\%）＝(W_1－W)/干重×100\%$$

"炽灼残渣"，系指将药品（多为有机化合物）经加热灼烧至完全灰化，再加硫酸

0.5～1.0ml 并炽灼（700～800℃）至恒重后，遗留的金属氧化物或其硫酸盐。

具体操作方法如下。

① 空坩埚恒重　取洁净坩埚置于高温炉内，将坩埚盖斜盖于坩埚上，经加热至700～800℃炽灼约30～60min，停止加热，待高温炉温度冷却至约300℃，取出坩埚，置适宜的干燥器内，盖好坩埚上盖，放冷至室温（一般约需60min），精密称定坩埚重量（准确至0.1mg）。再以同样条件重复操作，直至恒重，备用。

② 称取供试品　取供试品 1.0～2.0g 或各品种项下规定的重量，置已炽灼至恒重的坩埚内，精密称重。

③ 炭化　将盛有供试品的坩埚斜置电炉上缓缓灼烧（应避免供试品受热骤然膨胀或燃烧而逸出），炽灼至供试品全部炭化呈黑色，并不冒浓烟，放冷至室温（以上操作应在通风柜内进行）。

④ 灰化　除另有规定外，滴加硫酸 0.5～1ml，使炭化物全部湿润，继续在电炉上加热至硫酸蒸气除尽，白烟完全消失（以上操作应在通风柜内进行）。将坩埚置高温炉内，坩埚盖斜盖于坩埚上，在700～800℃炽灼约60min，使供试品完全灰化。

五、实验结果和处理

产品外观：_____

产量：_____

蛋白质检测结果：_____

炽灼残渣检查结果：_____

六、思考题

1. 为何选择用碱除去甲壳素中的蛋白质，而不是酸？

2. 整理甲壳素的制备要点。

七、参考文献

［1］蒋挺大. 甲壳素［M］. 北京：化学工业出版社，2003.

［2］陈忻，袁毅桦，唐俊勉等. 中国鲨甲壳素的制备及其性能研究［J］. 化学世界，2001，7：362.

［3］张凯，郝晓东，黄渝鸿等. 甲壳素及壳聚糖的应用［J］. 应用化工，2004，33（3）：628.

［4］周友亚. 甲壳素、壳聚糖及其衍生物的开发与应用进展［J］. 河北师范大学学报，2002，（2）：175-178.

实验46　双酚A型环氧树脂的制备与固化

一、实验目的

1. 掌握双酚 A 型环氧树脂实验室制法及固化的基本操作技术。

2. 了解环氧树脂这类反应的一般原理，并对这类树脂的结构和应用有所认识。

二、实验原理

环氧树脂是指分子中含有两个或两个以上环氧基的线形有机高分子化合物。环氧树脂可与多种类型的固化剂发生交联反应而形成不溶不熔性质的三维网络聚合物。由于环氧树脂具有较强的黏结性能、优良的力学性能、耐化学腐蚀性、耐候性、电绝缘性好以及尺寸稳定等特点，它已成为聚合物基复合材料的主要基体之一。环氧树脂被广泛用于黏合剂（万能胶）、涂料、复合材料等方面。环氧树脂的种类繁多，但是以双酚 A 型环氧树脂的产量最大，用途最为广泛，有通用环氧树脂之称。双酚 A 型环氧树脂由环氧氯丙烷与二酚基丙烷（双酚 A）在碱性条件下缩合，经水洗，脱溶剂精制而成。

式中，n 一般在 0～25 之间。根据相对分子质量大小，环氧树脂可以分成各种型号。一般低相对分子质量环氧树脂的 n 平均值小于 2、软化点低于 50℃，也称为低分子量树脂或软树脂；中等相对分子质量环氧树脂的 n 值在 2～5 之间、软化点在 50～95℃ 之间，称为中等分子量树脂；而 n 大于 5 的树脂（软化点在 100℃ 以上）称为高分子量树脂。通过调节原料配比、反应条件（如反应介质、温度和加料顺序），可制得不同软化点、不同分子量的环氧树脂。

环氧树脂本身是热塑性的线形结构，不能直接使用，必须再向树脂中加入第二组分，在一定温度条件下进行交联固化反应，生成体型网状结构的高聚物之后才能使用。环氧树脂固化剂的品种繁多，主要有多元胺和多元酸，它们的分子中都含有活泼氢原子，其中用得最多的是液态多元胺类，如二亚乙基三胺和乙二胺等。环氧树脂在室温下固化时还常常需要加些促进剂如多元硫醇，以达到快速固化的效果。固化剂的选择与环氧树脂的固化温度有关。在通常温度下固化时，一般用多元胺和多元酰胺等，而在较高温度下固化时，一般选用酸酐和多元酸等为固化剂。不同的固化剂，相应的交联反应也不同。乙二胺为室温固化剂，其固化机理如下：

乙二胺的用量按下式计算：

$$m = \frac{M}{n} \times E = 15E$$

式中，m 为每 100g 环氧树脂所需乙二胺的量，g；M 为乙二胺的相对分子质量（60）；n 为乙二胺上活泼氢总数（4）；E 为环氧树脂的环氧值。

实际使用量，一般比理论上计算值要多10％左右。固化剂用量对成品的力学性能影响很大，必须控制适当。

固化剂的用量通常由树脂的环氧值以及所用固化剂的种类来决定。环氧值是指每100g树脂中所含环氧基的物质的量。应当把树脂的环氧值和环氧摩尔质量区别开来，两者关系如下：

$$环氧值 = \frac{100}{环氧摩尔质量}$$

环氧摩尔质量即为含1mol环氧基时树脂的量，g。

三、仪器和药品

1. 仪器

500ml 三口瓶	1个	球形冷凝管	1个
搅拌器	1个	蒸馏瓶	1个
克氏蒸馏头	1个	毛细管	3个
温度计	1个	冷凝管	1个
接收器	1个	滴定管	1个
100ml 圆底烧瓶	1个	水泵	1台

2. 试剂

环氧氯丙烷	A. R.	双酚 A	A. R.
氢氧化钠	A. R.	丙酮	A. R.
盐酸	A. R.	乙二胺	A. R.
苯	A. R.	丙酮	A. R.
酚酞	A. R.		

四、实验步骤

1. 双酚 A 环氧树脂的制备

在500ml三口瓶上装好搅拌器、回冷凝管和温度计。加入11.4g（0.05mol）双酚A、46.5g（0.5mol）环氧氯丙烷，0.25～0.5ml蒸馏水。称取4.1g（0.11mol）NaOH，先加入1/10量的NaOH并开动搅拌，缓慢加热至80～90℃。反应放热并有白色物质（NaCl）生成。维持反应温度在90℃。约10min后再加入1/10量的NaOH，以后每隔10min加一次NaOH，每次都加NaOH总量的1/10，直至将4.1gNaOH加完。继续反应25min后结束反应。产物为浅黄色。将反应液过滤除去副产物NaCl，减压下蒸馏除去过量的环氧氯丙烷（回收）（60～70℃）。停止蒸馏，将剩余物趁热倒入小烧杯中，得到淡黄色、透明的环氧树脂。

2. 环氧树脂的固化

在50ml小烧杯中放入上述环氧树脂5g，再加入0.5g（树脂的10％）乙二胺，边加边搅拌。搅匀。取出2.5g树脂倒入一个干燥的小试管或其他小容器（如瓶子的内盖）中，在40℃水浴下放置2h，观察结果。

3. 环氧树脂的表征

将得到的环氧树脂加入光谱纯溴化钾，研磨后，进行红外测试，对谱图数据进行分析，确定环氧主要特征峰。

4. 用环氧树脂黏合纸片

用一玻璃棒将环氧树脂均匀涂于纸条一端，面积约 $1cm^2$。涂层约 $0.2mm$ 厚，不宜过厚。将另一纸条轻轻贴上，用小心固定，于室温放置 48h 后观测实验结果。

5. 环氧树脂的环氧值的计算

环氧值是环氧树脂的重要性能指标之一，可用以鉴定环氧树脂的质量，也是计算固化剂用量的依据。分子量高，环氧值就相应降低，一般低分子量环氧树脂的环氧值在 0.48～0.57 之间。

相对分子质量小于 1500 的环氧树脂，其环氧值测定用盐酸-丙酮法（相对分子质量高的用盐酸-吡啶法），反应式为：

$$\overset{O}{\wedge} + HCl \xrightarrow{\text{丙酮}} \overset{OH}{\underset{|}{\text{CH—CH}_2\text{—Cl}}}$$

采用盐酸丙酮法测定该侧链的环氧树脂的环氧值。在锥形瓶中称取 0.482g 的环氧树脂，准确吸取 15ml 的盐酸丙酮溶液，静置 1h，然后加入两滴酚酞指示剂，用 0.1mol/L 标准 NaOH 溶液进行滴定至粉红色，且 30s 内不退色。消耗 NaOH 的体积记作 V_2。同时，按上述条件进行空白试验，消耗 NaOH 的体积记作 V_1，则环氧值为：

$$E = \frac{(V_1 - V_2)C_{NaOH}}{m} \times \frac{100}{1000}$$

五、实验结果和处理

1. 合成结果记录（见表 2-4）

表 2-4　合成结果

内容	结果
称量双酚 A 的质量/g	
称量环氧氯丙烷的质量/g	
环氧树脂的理论产量/g	
环氧树脂的实际产量/g	
百分产率/%	
沉淀积/ml	

2. 环氧值的测定（见表 2-5）

表 2-5　环氧值的测定

内容	结果
环氧树脂的样品质量/g	
空白实验消耗 NaOH 的体积 V_1/ml	
滴定实验消耗 NaOH 的体积 V_2/ml	

六、思考题

1. 实验中 NaOH 是分步加入到反应体系中的，有什么好处？为什么不把 NaOH 一次加完？

2. 写出使用二元酸、二元酸酐、多元胺、二异氰酸酯以及酚醛树脂为固化剂时环氧树脂的固化反应。

七、参考文献

[1] 黄丽. 高分子材料 [M]. 第 2 版. 北京：化学工业出版社. 2010.
[2] 王德中. 环氧树脂生产与应用 [M]. 第 2 版. 北京：化学工业出版社，2001.

八、附注

① 盐酸-丙酮法：是测定环氧值的最常用方法之一。

配制盐酸-丙酮溶液：取 1 单位体积的盐酸（AR），加入到 40 单位体积的丙酮（AR）中，摇匀后置于贴有相应标签的试剂瓶中，加盖待用。

② 双酚 A 环氧树脂的制备过程中，开始滴加要慢些，环氧氯丙烷开环是放热反应，反应液温度会自动升高。

③ 描述环氧树脂所含环氧基的多少，除了用环氧值表示外，还可用环氧基百分含量或环氧摩尔质量表示。

环氧基百分含量：每 100g 树脂中含有环氧基克数。

环氧摩尔质量：相当于每摩尔环氧基的环氧树脂质量（g）。

三者之间有如下互换关系：

$$环氧值 = \frac{环氧基百分含量}{环氧基分子量} = \frac{1}{环氧摩尔质量}$$

实验47　壳聚糖的制备及测定

一、实验目的

1. 了解和掌握壳聚糖的制备方法。
2. 掌握壳聚糖的测定方法。

二、实验原理

甲壳素若经浓碱处理，进行化学修饰去掉乙酰基即得到壳聚糖（Chitosan）又称脱乙酰基壳多糖、脱乙酰甲壳素（见图 2-16）。

壳聚糖具有广泛的用途。在食品工业上，把壳聚糖在温和的条件下，局部水解后粉碎成末，得到的壳聚糖产品称为微晶壳聚糖，可用作冷冻食品（冷肴、汤汁、点心）和室温存放食品（蛋黄、酱等）的增稠剂和稳定剂。在医药工业上，由于壳聚糖是类似纤维状的

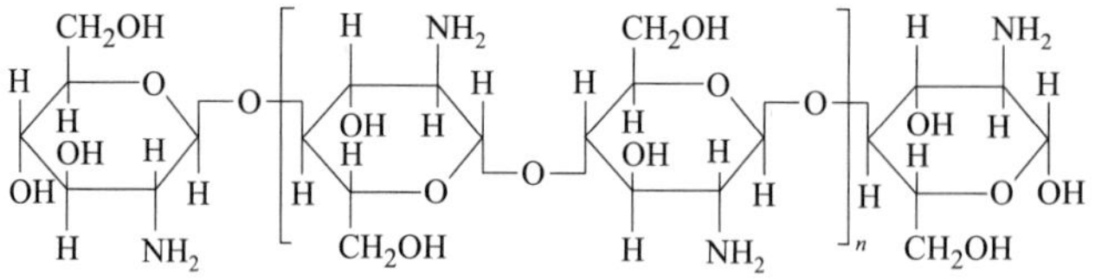

图 2-16　壳聚糖分子结构示意图

高分子化合物，和生物体有良好的亲和作用，在生物体内可被分解吸收，所以可制作手术线，伤好后线与肉长在一起，可免去拆线之苦；用壳聚糖做人造皮肤，植入受伤伤口，可长出新的不带疤痕的表皮；还可用于制作人造血管、人工肾。用壳聚糖制成的微型胶囊，放入药剂，植入人体，很容易和人体结合在一起，使药物缓慢地释放，达到长期治疗的效果；用它还可制成透析膜、超滤膜和脱盐的反渗透膜，与纤维素等的交联复合体可作为分子筛，用作药物的载体，具有缓释、特效的优点，国外正研究作许多药物的缓释剂。若以戊二醛等作交联剂，可与许多酶或微生物细胞固定化，如固定化天门冬酰胺酶。壳聚糖是碱性多糖，有止酸、消炎作用，可抑制胃溃疡；动物实验表明，还可降低胆固醇、血脂，国外已报道用作心血管系统降低胆固醇的药物；经分子修饰制得肝素类似结构物，具抗血栓作用。据报道，由壳聚糖可制备抗凝血素，防止凝血酵素原转化为凝血酵素，抑制血液中纤维蛋白原转变成纤维蛋白而不呈凝血现象。壳聚糖是一种天然高分子螯合物，用它处理含金属的废水，既可净化污水，又可回收金属。它还可以同具有阳离子的活性泥、蛋白质及一些固体微粒结合，因此一些肉类加工厂、食品厂和酿酒厂利用它处理废水，使废水排放达到一般标准。在日化工业上，壳聚糖可作为化妆品和护发素的添加剂，增强保护皮肤、固定发型的作用。在农业上，用壳聚糖处理的植物种子，可以增强抗病虫害的能力，提高产量。在水果加工中，壳聚糖溶剂可使水果保鲜度延长数月。

采用不同的方法可以获得不同脱乙酰度的壳聚糖。最简单、最常用的是采用碱性液处理的脱乙酰方法。即将已制备好的甲壳素用浓的氢氧化钠在较高温度下处理，就可得到脱乙酰壳多糖。

测定甲壳素脱乙酰基的程度，实际上可以通过测定壳聚糖中自由氨基的量来决定。壳聚糖中自由氨基含量越高，那么脱乙酰程度就越高，反之亦然。壳聚糖中脱乙酰度的大小直接影响它在稀酸中的溶解能力、黏度、离子交换能力和絮凝能力等，因此壳聚糖的脱乙酰度大小是产品质量的重要标准。脱乙酰度的测定方法很多，如酸碱滴定法、苦味酸法、水杨醛法等。

本实验采用苦味酸法测定壳聚糖的乙酰度。苦味酸通常用于不溶性高聚物的氨基含量的测定。在甲醇中，苦味酸可以与游离氨基在碱性条件下发生定量反应。同样，苦味酸也可以与甲壳素和壳聚糖中游离氨基发生反应。甲壳素和壳聚糖均不溶于甲醇，而二异丙基乙胺能与结合到多糖上的苦味酸形成一种可溶于甲醇的盐，这种盐能从多糖上释放出来。该盐 358nm 的吸光值与其浓度（$0 \sim 115 \mu mol/L$）呈线性关系。通过光吸收法测定这种盐的浓度，即可推算出甲壳素和壳聚糖上氨基的数量，进而计算出样品的乙酰度。此法的优点是：适用于从高乙酰度到不含乙酰度的宽范围，无需复杂设备。其样品量只需数毫克至数 10mg。

三、仪器和试剂

1. 仪器

粉碎机	1套	低温减压干燥机	1套
紫外分光光度计	1套	层析柱（内径 0.5cm×10cm）	1套
减压抽滤装置	1套	玻璃烧杯 2000ml	4只
移液管 0.5ml	2只	移液管 1ml	4只
移液管 10ml	2只	玻璃试管	6只

2. 试剂

无水乙醇	A. R.	甲醇	A. R.
盐酸	A. R.	氢氧化钠	A. R.
二异丙基乙胺（DIPEA）	A. R.	苦味酸	A. R.
新鲜虾壳			

四、实验步骤

1. 溶液的配置

10mol/L 苦味酸甲醇液：称取苦味酸（化学纯）2.290mg，定容于 1ml 甲醇（化学纯）液中。0.1mol/L 和 0.1mmol/L 苦味酸甲醇液由 10mol/L 液稀释得到。

0.1mol/L 二异丙基乙胺（DIPEA）甲醇液：称取 10.1g 二异丙基乙胺（化学纯）定容于 1L 的甲醇液中。

2. 甲壳素的制备

（1）材料的准备。将虾壳或蟹壳洗净、烘干，并研磨至 $d<2mm$ 的粉末状。

浸泡，除钙质。称取干净的虾壳或蟹壳 5g，放置于 200ml 的烧杯中，将 75ml 5％盐酸溶液缓缓地加入到烧杯中，并不断搅拌，室温（20℃）浸泡 24h，以充分除去蟹壳中的钙质。去上清，水洗沉淀 3 次至中性。

去蛋白。加 3％ NaOH 溶液 75ml 于上述沉淀中，煮沸 4～6h 或室温放置 10h，并不断搅拌，以除去蛋白质。去上清，并水洗沉淀 3 次，以除去残留的碱及蛋白质。

（2）氧化脱色。用 0.5‰ KMnO₄ 溶液 2ml，搅拌浸泡沉淀 1h，再用 1％ HNO₃ 溶液 2ml 于 60～70℃水浴 30～40min 至脱色；取上清，得白色产品，水洗，干燥即可。

3. 壳聚糖的制备

（1）脱乙酰基。将甲壳素倒入玻璃烧杯中，加入 2 倍量的 40％浓氢氧化钠溶液，加热到 110℃以上，搅拌反应 1h，滤除碱液，用水洗至中性。依脱乙酰度的不同要求，重复用浓碱处理 1～2 次，滤除碱液，水洗至中性，压挤至干，吊干产品。

（2）干燥。将吊干的湿产品置于石灰缸或干燥器中干燥，即得壳聚糖产品。

4. 壳聚糖的乙酰度测定

（1）标准曲线的绘制　配制五种不同浓度的二异丙基乙胺苦味酸的甲醇溶液。每份吸取 0.1mol/L 二异丙基乙胺甲醇溶液 1.0ml，分别添加 0.1ml、0.2ml、0.3ml、0.4ml、

0.5ml、0.6ml 的 100μmol/L 苦味酸甲醇液，再用甲醇液补充至 10.0ml，DIPEA-苦味酸浓度分别为：10μmol/L，20μmol/L，30μmol/L，40μmol/L，50μmol/L。混匀后在波长 358nm 处测出相应的吸光值（A）。以吸光值为纵坐标，DIPEA-苦味酸的浓度（μmol/L）为横坐标做出标准曲线。

（2）壳聚糖乙酰度的测定　准备一支小玻璃层析柱（内径 0.5cm×10cm），并精确称重，然后将壳聚糖样品（5～30mg）粉碎成细末后装填到小层析柱内，再精确称重。两次称量值之差即为样品质量（mg）。

用 0.1mol/L 二异丙基乙胺的甲醇溶液缓慢流过小层析柱，共用 15min，再用 10ml，甲醇液淋洗，除去多糖样品上残留的盐。然后将 0.5～1.0ml 0.1mol/L 苦味酸的甲醇溶液慢慢地加入柱中，室温下苦味酸与样品中的氨基反应 6h，形成苦味酸多糖复合物，接着用速度为 0.5ml/min 的甲醇液 30ml 淋洗，使没有结合到氨基上的苦味酸完全被淋洗出来。

再用 0.1mol/L 二异丙基乙胺的甲醇液 0.5～1.0ml 缓慢地加入柱内，保持 30min，然后用约 8ml 甲醇液淋洗柱子，收集洗脱液，并用甲醇液准确地补足到 10ml。

测定收集的可溶性 DIPEA-苦味酸甲醇溶液在 358nm 的吸光值（必要时作适当稀释），根据标准曲线得知其浓度。该甲醇盐溶液摩尔消光系数为 15650L/(mol·cm)，也可以利用此值直接计算出其浓度。

（3）乙酰度的计算　根据下式计算出样品的乙酰度（degree of N-acetylation，d. a.）：

$$乙酰度（d. a.）=(m-161n)/(M+42n)$$

式中，m 为样品质量，mg；n 为从样品上洗脱出来的苦味酸的物质的量，mmol；161 为 D-葡萄糖胺残基的摩尔质量，mg/mmol；42 为 N-乙酰-D-葡萄糖胺摩尔质量减去 D-葡萄糖胺摩尔质量的差值，mg/mmol。

五、实验结果和处理

产品外观：_____

产量：_____

壳聚糖乙酰度：_____

六、思考题

1. 甲壳素和壳聚糖在化学结构上有何异同点？
2. 壳聚糖制备要点主要有哪些？

七、参考文献

[1] 蒋挺大. 甲壳素 [M]. 北京：化学工业出版社，2003.
[2] 单虎，王宝维，张丽等. 甲壳素及壳聚糖提取工艺的研究. 食品科学，1997，18（10）：14-15.
[3] 卢凤琦，曹宗顺. 制备条件对脱乙酰甲壳素性能的影响. 化学世界，1993，34（3）：138-140.
[4] 赖凤英，向东，梁平. 壳聚糖在食品工业中的应用. 中国甜菜糖业，2004（2）：28-30.

实验48　透明质酸的制备

一、实验目的

1. 掌握以鸡冠为原料制备透明质酸的方法。
2. 了解酶解法提取的原理和操作方法。

二、实验原理

透明质酸（Hyaluronic acid，HA）又名玻尿酸，是由 N-己酰氨基葡萄糖及 D-葡萄糖醛酸的重复结构组成的线形多糖结构。分子式为（$C_{14}H_{20}NNaO_{11}$）$_n$，结构式如图 2-17。

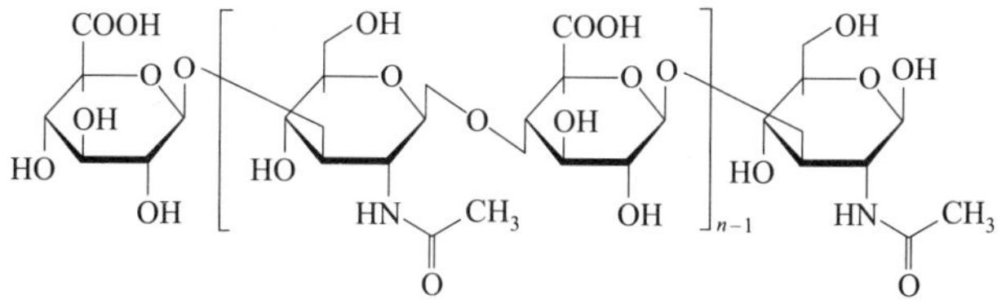

图 2-17　透明质酸分子结构示意图

HA 具有许多天然黏多糖共有的性质：呈白色、为无定形固体、无臭无味、具有强烈的吸湿性、溶于水、不溶于有机溶剂。由于直链轴上单糖之间氢键的作用，透明质酸分子在空间上呈刚性的螺旋柱型，柱的内侧由于存在大量的羟基而产生强烈的亲水性；同时羟基的连续定向排列，又在分子链上形成高度的憎水区，HA 分子的亲水和憎水特性，使得浓度低于 1‰ 的 HA 也能形成连续的三维蜂窝状网络结构，水分子则在网络内通过极性键和氢键与 HA 分子相结合，使得这些水在柱内固定不动，不易流失，HA 亲和吸附的水分约为其本身质量的 1000 倍，这是其他黏多糖无法比拟的。透明质酸具有高相对分子质量和大分子体积的特性，其水溶液的比旋度为 $-70°\sim-80°$，在氯化钠溶液中由于葡萄糖醛酸中的—COOH 基团解离产生 H^+，使得 HA 呈现为酸性多聚阴离子状态，赋予了 HA 酸性黏多糖的性质。

透明质酸（HA）的生产工艺主要分为二大类，以动物组织为原料的提取法和细菌发酵法。透明质酸在动物组织中的分布较为广泛，几乎所有的动物组织中均含有透明质酸，只是含量不同。已从下列组织中分离出了透明质酸：结缔组织、脐带、皮肤、人血清、鸡冠、关节滑液、脑、软骨、眼玻璃体、人尿、鸡胚、兔卵细胞、动脉和静脉等，但考虑到原料透明质酸含量的高低、数量的多少和易于取得的程度等成本因素，能够用于生产的原料主要为鸡冠、人脐带和动物眼球。细菌发酵法是利用某些种属的链球菌，在生长繁殖过程中，向胞外分泌以透明质酸为主要成分的荚膜。细菌发酵法与动物组织提法相比，具有生产规模不受动物原料限制，发酵液中透明质酸以游离状态存在，易于分离纯化，成本低，易于形成规模化工业生产，无动物来源的致病病毒污染的危险等优点。透明质酸无种属差异，不同动物组织提取的及不同菌种发酵生产的透明质酸，在化学本质和分子结构上是一致的，只是相对分子质量（M_r）有差别。

三、仪器和试剂

1. 仪器

绞肉机	1 套	干燥器	1 套
离心机	1 套	恒温箱	1 个
搅拌器	1 套	玻璃烧杯 2L	4 个
移液管 0.5ml	2 只	移液管 1ml	4 个
移液管 10ml	2 只		

2. 实验试剂

氯化钠	A. R.	氢氧化钠	A. R.
丙酮	A. R.	氯仿	A. R.
无水乙醇	A. R.	胰酶	A. R.
链蛋白酶	A. R.	醋酸钠	A. R.
氯代十六烷基吡啶	C. P.	五氧化二磷	A. R.
雄鸡冠			

四、实验步骤

① 提取冻鸡冠解冻后，用绞肉机绞碎，加适量水用胶体磨磨成糊状。每 1kg 鸡冠加水 8L，加氯化钠 80g，搅拌加热至 90℃，保温 10min，冷却至 50℃，用 1mol/L 氢氧化钠液调 pH8.5～9.0，加入适量胰酶，45～50℃保温酶解 5～7h，酶解过程中维持 pH 8.5～9.0。

② 过滤将酶解提取液用滤布加硅藻土加压过滤，得澄清滤液。

③ 乙醇沉淀和粗品干燥取滤液，调 pH6.0～6.5，将滤液加到 3 倍体积的 95％乙醇中，反复倾倒 3 次，待纤维状沉淀充分上浮后，取出沉淀，用适量乙醇脱水 3～5 次，放入有五氧化二磷的真空干燥器内干燥，得透明质酸中间品。

④ 氯仿处理。将透明质酸中间品溶于 0.1mol/L 氯化钠溶液中，溶解浓度为 0.3％，溶解过程中加少量氯仿防腐。溶解后，调 pH4.5～5.0，加入等体积的氯仿搅拌处理 2 次，静置分出水相。

⑤ 酶解。将水相用稀氢氧化钠溶液调 pH7.5，加入适量链蛋白酶，37℃酶解 24h。

⑥ 络合沉淀。酶解结束后，向酶解液中加入同体积的 1％氯化十六烷基吡啶（CPC）溶液，静置，收集 HA-CPC 络合沉淀。

⑦ 解离。将 HA-CPC 络合沉淀加入 0.4mol/L 氯化钠溶液中，搅拌解离 5～10h。

⑧ 过滤解离液。先用硅藻土过滤至清，再用 0.2μm 微孔滤膜精滤。

⑨ 乙醇沉淀、真空干燥。将滤液加至 3 倍体积的 95％乙醇中，反复倾倒 3 次，取出纤维状 HA 沉淀，脱水，五氧化二磷真空干燥，得 HA 精品。

五、实验结果和处理

产品外观：_____

产量：_____

六、思考题

制备透明质酸的生产工艺方法都有哪些？各有何优缺点？

七、参考文献

[1] 李自刚，樊国燕，边传周等. 发酵生产透明质酸菌种的筛选. 安徽农业科学，2008，36（8）：3307-3309.

[2] 虞菊萍，高向东. 透明质酸精制方法的比较. 药学与临床研究，2007，15（4）：300-302.

[3] 称永浩，王强. 透明质酸分离纯化研究进展. 化工进展，2008，27（5）：666-670.

[4] 单连海，熊雄，郭海霞. 透明质酸的制备及其应用进展. 安徽农业科学，2007，35（11）：3150-315.

实验49　界面缩聚法制备化合物聚对苯二甲酰己二胺（尼龙）

一、实验目的

1. 学习以己二胺与对苯二甲酰氯进行界面缩聚反应生成尼龙的方法。
2. 了解缩聚反应的原理。

二、实验原理

界面缩聚是指将两种单体分别溶于水和有机溶剂中，在界面处进行聚合的反应，是制备高分子量聚合物的重要方法之一。其生产工艺可分为静态（不搅拌）和动态（搅拌）两种，现今只有动态法获得工业应用，主要用于生产聚酰胺类和聚酯类聚合物。界面缩聚的很大优点在于，它是一个低温聚合的方法，因此，如果反应物或聚合物在熔融温度下不稳定，则可用界面缩聚进行。首先用界面缩聚法成功地进行工业生产的高分子化合物是聚碳酸酯，主要工艺是界面光气化路线，以双酚A为原料，使用光气、氢氧化钠和二氯甲烷为原料及反应助剂。此法工艺成熟，产品质量高，易于规模化和连续化生产，经济性好，长期占据着聚碳酸酯生产的主导地位。

脂肪二胺和二元酰氯常可使用此方法制得高聚物。若将二元胺的水溶液与二元酰氯在有机溶剂中的溶液接触，有机溶剂对于高聚物是惰性的，它既防止了酰氯和水的反应，又将高聚物和反应物分开。二元胺既溶于水又溶于有机溶剂，它可以穿过界面扩散到有机相与酰氯反应，因为它们的反应非常快，就会在两相界面处生成高聚物。如果生成的高聚物膜有一定的韧性，就可将其拉出，使新的高聚物在界面生成。虽然静态界面缩聚的机理没有完全搞清楚，但水相可以起到从聚合物中除去酸的作用，有时实验中也会使用更有效的碱溶液。由于二元胺和二元酰氯的反应速率非常快，二元胺又可以很快地扩散到有机相中，所以酰氯的水解并不严重。在界面缩聚中，高聚物几乎在界面立即生成，反应速率由扩散速率控制，与反应物的摩尔比和聚合物的分子量无关。

三、仪器和试剂

1. 仪器

250ml 烧杯	2 个	100ml 量筒	1 个
10ml 量筒	1 个	橡胶哑铃裁刀	1 个
万能拉力机	1 台	凝胶渗透色谱	1 台
热失重分析仪	1 台		

2. 试剂

对苯二甲酰氯	C. P.	己二胺	C. P.
氢氧化钠	C. P.	四氯化碳	C. P.

四、实验步骤

① 在 100ml 烧杯中，加入 25ml 水和 0.6g 氢氧化钠，待溶解后，再加入 1g 己二胺，用玻璃棒搅拌使其溶解，待用，记为 1 号溶液。

② 在另 1 个 100ml 烧杯中，加入 25ml 四氯化碳和 0.25g 对苯二甲酰氯，搅拌溶解，记为 2 号溶液。

③ 将 1 号溶液缓慢倒入 2 号溶液中，不要搅动，观察烧杯中两层溶液的界面处聚合膜的生成。用镊子将界面处所生成的聚合物膜缓慢夹起向上拉出，即可拉成一根长丝，将其缠绕在玻璃棒上，控制拉丝速度，即可得到连续不断的细丝，直至单体基本反应完全。

五、实验结果和处理

产品外观：_____

产量：_____

产率：_____

六、思考题

1. 为什么药品要密封保存？

2. 夹膜时为什么需要初始时慢，稍后加快速度？

3. 实验结束后，为什么要将剩余溶液用玻璃棒充分搅拌？

七、参考文献

[1] 雷景新，郭东阳，高峻，周昌林. 聚酰胺弹性体的合成及结构与性能分析. 高分子材料科学与工程，2014，30（2）：100-104.

[2] 潘祖仁. 高分子化学. 第四版. 北京：化学工业出版社，2007.

实验50　醚化β-环糊精的制备

一、实验目的

1. 学习使用醚化技术对高分子进行改性。
2. 掌握高分子化合物的制备、纯化等基本操作。

二、实验原理

以 D-吡喃型葡萄糖单元为基本骨架、具有"锥筒状空腔"的环糊精等具有包合空间的大环分子作为主体模型化合物，模拟生物受体或酶的研究是迅速发展的现代化学的一个重要前沿。如果毒理等方面允许，相关研究成果可广泛应用于生命科学、药学、材料科学等现代科学关键领域，法兰西学院的 J. M. Lehn 教授即因相关领域的研究工作而获得1987 年诺贝尔化学奖。环糊精的分子见图 2-18。

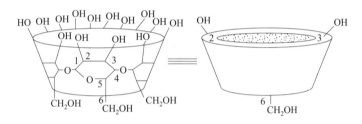

图 2-18　环糊精的分子图

不过，环糊精，尤其是空腔适中、刚性好、价格便宜的 β-环糊精，存在自身及复合药物等客体分子后水溶性较小等许多不足之处，在药物化学等领域的应用有一定的局限性。环糊精溶解度较小的主要原因是 2-羟基及 3-羟基之间的氢键作用，适当破坏该作用，即可提高环糊精的溶解度。

所谓改性，就是指在保持环糊精大环基本骨架不变的情况下引入修饰基团，得到具有不同性质或功能的产物，因此也被称为修饰，改性后的环糊精也叫环糊精衍生物。

环糊精进行改性的方法有化学法和酶工程法两种，其中化学法是主要的。化学改性是利用环糊精分子洞外表面的醇羟基进行醚化、酯化、氧化、交联等化学反应，能使环糊精的分子洞外表面有新的功能团。反应程度用取代度即平均每个葡萄糖单位中羟基被取代的数量表示。

因此，针对 β-环糊精分子葡萄糖单元上的羟基活性，利用醚化剂 N-（2,3-环氧氯丙基）三乙基氯化铵（GTA）将其羟基醚化。季铵盐型醚化剂作为活性中间体用途广泛，可以对含有活泼氢的聚合物进行改性，合成季铵盐型阳离子表面活性剂，且得到的表面活性剂综合性能都非常优异。季铵盐型醚化剂作为一种重要的中间体也可以用于两性表面活性剂的生产，可得到具有杰出泡沫性能和清洗性能的两性表面活性剂，这种表面活性剂对人体友好、安全，可用于洗发及护肤化妆品的生产。目前大量使用的季铵盐型醚化剂为环氧氯丙基三甲基氯化铵，主要由环氧氯丙烷和气态的三甲胺制得，因气态三甲胺难运输、贮存、反应过程难操作，尾气处理耗酸量大，使得环氧氯丙基三甲基氯化铵的应用受到限制。为此，采用液态三乙胺替代气态三甲胺合成季铵盐型阳离子醚化剂环氧氯丙基三乙基氯化铵（GTA），产物产率高，产品性能优良，液态三乙胺的使用使反应过程易于操作控制。

1. GTA 合成路线

$$(2\text{-}8)$$

$$(2\text{-}9)$$

$$(2\text{-}10)$$

2. 醚化 β-环糊精的合成

$$(2\text{-}11)$$

三、仪器和试剂

1. 仪器

集热式磁力加热搅拌器	1 台	数控超声波清洗器	1 台
离心机	1 台	鼓风干燥箱	1 台
分析电子天平	1 台	抽滤泵	1 台
滴液漏斗	1 支	三口烧瓶	1 支
球形冷凝管	1 支		

2. 试剂

β-环糊精	A. P.	三乙胺	A. P.
环氧氯丙烷	A. P.	氢氧化钠	C. P.
无水硫酸钾	A. P.	硫酸铜	A. P.
硼酸	A. P.	硫酸	A. P.
丙酮	A. P.	无水乙醇	C. P.
冰醋酸	A. P.	去离子水	
浓盐酸	C. P.		

四、实验内容

1. 环氧氯丙基三乙基氯化铵（GTA）的制备

在置于超声波反应器（图 2-19）中的三口烧瓶加入 15.2g（0.15mol）三乙胺，用浓 HCl 调节 pH 约为 7，在 40MHz 超声下继续加入 9.3g（0.1mol）环氧氯丙烷（EPIC），室温反应 30min，减压抽滤；粗产品用 20ml 丙酮洗涤两次，55℃下干燥，白色固体，密封样品于真空干燥器中备用。

2. 醚化 β-环糊精的制备

① 称取 1gβ-环糊精于干燥的四口瓶中，加入 0.12g NaOH 粉末混合，搅拌器均匀搅拌 10min。

② 称取 6.5g GTA [N-(2,3-环氧氯丙基）三甲乙基氯化铵] 加入混合，均匀搅拌 10min，在混合物中滴加微量的去离子水约 0.04ml，剧烈搅拌 30min。

③ 混合物于 75℃反应 5h，得到白色固体粗产品。

④ 将粗品用体积比为 1：7：2 的冰醋酸-乙醇-水混合溶液浸泡 3～4min，过滤后弃去滤液并以 80％乙醇洗涤 3 次得到产物。

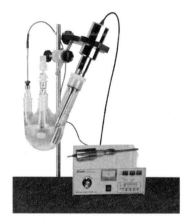

图 2-19　环氧氯丙基三乙基氯化铵
反应装置图

3. 醚化 β-环糊精取代度的测定

用凯氏定氮法测定醚化 β-环糊精的取代度，图 2-20 为实验装置。

准确称取样品 0.2～0.5g 于 500ml 凯氏瓶中，加 10g 无水硫酸钾、0.5g 硫酸铜、20ml 硫酸。在通风橱中先以小火加热，待泡沫消失后，加大火力，消化至透明无黑粒后，将瓶子摇动一下使瓶壁碳粒溶于硫酸中，继续加热消化 30min，至液体呈绿色状态，停止

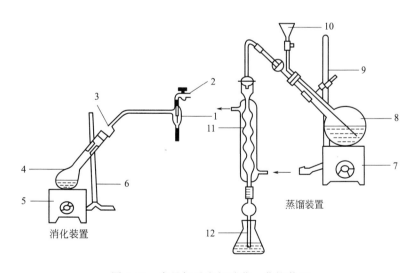

图 2-20　常量凯氏定氮消化、蒸馏装置

1—水力抽气；2—水龙头；3—倒置的干燥管；4—凯氏烧瓶；5,7—电炉；6,9—铁支架；
8—蒸馏烧瓶；10—进样漏斗；11—冷凝管；12—接收瓶

硝化，加入 20ml 水冷却。

连接蒸馏装置，用硼酸做吸收液。在凯氏瓶中加波动珠粒和 80ml 50％氢氧化钠，加热至凯氏瓶内残液减少到 1/3 的时候取出用水冲洗。用 0.1mol/L 的盐酸滴定，指示剂为甲基红次甲基蓝（2∶1），当溶液颜色由绿色变为粉红色即为滴定终点。

氮含量计算：

$$N(\%)=(cV\times0.014/m)\times100 \tag{2-12}$$

式中，V 为盐酸标液的用量，L；c 为硫酸标准溶液的物质的量浓度，mol/L；m 为样品质量，g；0.014 为与 1ml 盐酸标准溶液（$c_{HCl}=1.000mol/L$）相当的以克表示的氮的质量。

取代度的计算：

$$DS=162N/(1400-151.5N) \tag{2-13}$$

五、实验结果与处理

产品外观：_____

取代度：_____

六、思考题

测定取代度的方法除了以上的凯氏定氮法还有哪些简便方法。

七、参考文献

[1] 杨建洲，林里，孙丽娟. 醚化剂 GTA 的合成及其在干法制备阳离子淀粉中的应用 [J]. 造纸化学品，2002，25（4）：40-44.

[2] 郭乃妮，杨建洲. 在超声条件下三乙胺替代三甲胺合成醚化剂 GTA [J]. 应用化学学报，2009，26，：361-363.

[3] 刘建洲，董旭飞，李时民等. 醇介质中制备阳离子淀粉 [J]. 精细化工，2001，8（6）：345-347.

实验51　强酸型阳离子交换树脂的制备及其交换量的测定

一、实验目的

1. 了解通过悬浮聚合制得颗粒均匀的悬浮共聚物的方法。
2. 掌握离子交换树脂体积交换量的测定方法。

二、实验原理

离子交换树脂是球形小颗粒，这样的形状使离子交换树脂的应用十分方便。用悬浮聚合方法制备球状聚合物是制取离子交换树脂的重要实施方法。在悬浮聚合中，影响颗粒大小的因素主要有三个，分散介质（一般为水）、分散剂和搅拌速度。水量不够不足以把单体分散开，水量太多反应容器要增大，给生产和实验带来困难。一般水与单体的比例在 2～5 之间。分散剂的最小用量虽然可能小到是单体的 0.005％左右，但一般常用量为单体

的 $0.2\% \sim 1\%$，太多容易产生乳化现象。当水和分散剂的量选好后，只有通过搅拌才能把单体分开。所以，调整好搅拌速度是制备粒度均匀的球状聚合物极为重要的因素。离子交换树脂对颗粒度要求比较高，所以严格控制搅拌速度，制得颗粒度合格率比较高的树脂，是实验中需特别注意的问题。

在聚合时，如果单体内加有致孔剂，得到的是乳白色不透明状大孔树脂，带有功能基后仍为带有一定颜色的不透明状。如果聚合过程中没有加入致孔剂，得到的是透明状树脂，带有功能基后，仍为透明状。这种树脂又称为凝胶树脂，凝胶树脂只有在水中溶胀后才有交换能力。凝胶树脂内部渠道直径只有 $2 \sim 4\mu m$，树脂干燥后，这种渠道就消失，所以这种渠道又称隐渠道。大孔树脂的内部渠道，直径可小至数个微米，大至数百个微米。树脂干燥后这种渠道仍然存在，所以又称为真渠道。大孔树脂内部由于具有较大的渠道，溶液以及离子在其内部迁移扩散容易，所以交换速度快，工作效率高。目前大孔树脂发展很快。

按功能基分类，离子交换树脂又分为阳离子交换树脂和阴离子交换树脂。当把阳离子基团固定在树脂骨架上，可进行交换的部分为阳离子时，称为阳离子交换树脂，反之为阴离子交换树脂。所以，树脂的定义是根据可交换部分确定的。不带功能基的大孔树脂，称为吸附树脂。

阳离子交换树脂用酸处理后，得到的都是酸型，根据酸的强弱，又可分为强酸型及弱酸型树脂。一般把磺酸型树脂称为强酸型，羧酸型树脂称为弱酸型，磷酸型树脂介于这两种树脂之间。

离子交换树脂应用极为广泛，它可用于水处理、原子能工业，海洋资源、化学工业、食品加工、分析检测、环境保护等领域。

在这个实验中，制备的是凝胶型磺酸树脂。

（1）聚合反应

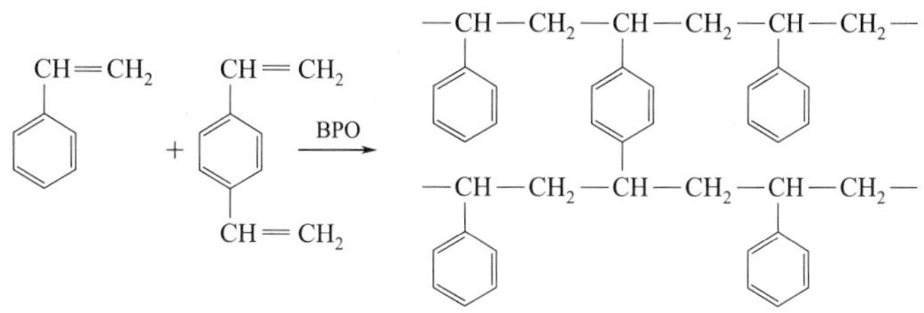

（2）磺化反应

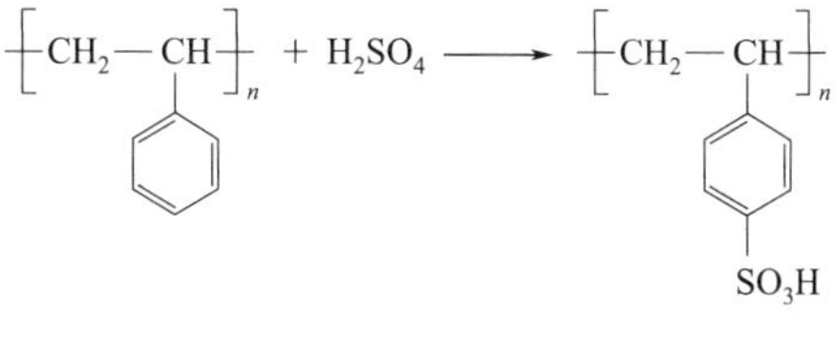

三、仪器和试剂

1. 仪器

| 天平 | 1 台 | 250ml 三口瓶 | 1 个 |

直型冷凝管	1 支	球形冷凝管	1 支
100ml 量筒	1 个	交换柱	1 支
搅拌器	1 套	烧杯	2 个
继电器	1 个	水银导电表	1 个
水浴锅	1 台	电炉	1 个
烘箱	1 台	60 目分样筛	1 个

2. 药品

苯乙烯（St）	A. R.	二乙烯苯（DVB）	A. R.
过氧化苯甲酰（BPO）	A. R.	聚乙烯醇（PVA）	A. R.
亚甲基蓝	A. R.	二氯乙烷	A. R.
硫酸	A. R.	盐酸	A. R.
氢氧化钠	A. R.		

四、实验步骤

1. St-DVB 的悬浮共聚

在 250ml 三口瓶中加入 100ml 蒸馏水、5％PVA 水溶液 5ml，数滴甲基酚蓝溶液，调整搅拌片的位置，使搅拌片的上沿与液面平行。开动搅拌器并缓慢加热，升温至 40℃ 后停止搅拌。将事先在小烧杯中混合并溶有 0.4gBPO、40gSt 和 10gDVB 的混合物倒入三口瓶中。开动搅拌器，开始转速要慢，待单体全部分散后，用细玻璃管（不要用尖嘴玻璃管）吸出部分油珠放到表面皿上。观察油珠大小，如油珠偏大，可缓慢加速。过一段时间后，继续检查油珠大小，如仍不合格，继续加速，如此调整油珠大小，一直到合格为止。待油珠合格后，以 1～2℃/min 的速度升温至 70℃，并保温 1h，再升温到 85～87℃ 反应 1h。此阶段避免调整搅拌速度和停止搅拌，以防止小球不均匀和发生黏结。当小球定型后升温到 95℃，继续反应 2h。停止搅拌，在水浴上煮 2～3h，将小球倒入尼龙纱袋中，用热水洗小球 2 次，再用蒸馏水洗 2 次，将水甩干，把小球转移到瓷盘内，自然晾干或在 60℃ 烘箱中干燥 3h，称量。用 30～70 目标准筛过筛，称重，计算小球合格率。

2. 共聚小球的磺化

称取合格白球 20g，放入 250ml 装有搅拌器、回流冷凝管的三口瓶中，加入 20g 二氯乙烷，溶胀 10min，加入 92.5％硫酸 100g。开动搅拌器，缓慢搅动，以防把树脂粘到瓶壁上。用油浴加热，1h 内升温至 70℃，反应 1h，再升温到 80℃，反应 6h。然后改成蒸馏装置，搅拌下升温至 110℃，常压蒸出二氯乙烷，撤去油浴。

冷至近室温后，用玻璃砂芯漏斗抽滤，除去硫酸，然后把这些硫酸缓慢倒入能将其浓度降低 15％ 的水中，把树脂小心地倒入被冲稀的硫酸中，搅拌 20min。抽滤除去硫酸，将此硫酸的一半倒入能将其浓度降低 30％ 的水中，将树脂倒入被第二次冲稀的硫酸中，搅拌 15min。抽滤除去硫酸，将硫酸的一半倒入能将其浓度降低 40％ 的水中，把树脂倒入被三次冲稀的硫酸中，搅拌 15min。抽滤除去硫酸，把树脂倒入 50ml 饱和食盐水中，逐渐加水稀释，并不断把水倾出，直至用自来水洗至中性。

取约 8ml 树脂于交换柱中，保留液面超过树脂 0.5cm 左右即可，树脂内不能有气泡。加 5%NaOH100ml 并逐滴流出，将树脂转为 Na 型。用蒸馏水洗至中性。再加 5%盐酸 100ml，将树脂转为 H 型。用蒸馏水洗至中性。如此反复三次。

3. 树脂性能的测试

（1）质量交换量：单位质量的 H 型干树脂可以交换阳离子的物质的量。

（2）体积交换量：湿态单位体积的 H 型树脂交换阳离子的物质的量。

（3）膨胀系数：树脂在水中由 H 型（无多余酸）转为 Na 型（无多余碱）时体积的变化。

（4）视密度：单位体积（包括树脂空隙）的干树脂的质量。本实验只测体积交换量与膨胀系数两项。其测定原理如下

$$\left[CH_2-CH \right]_n + n\text{NaCl(过量)} \longrightarrow \left[CH_2-CH \right]_n + n\text{HCl}$$
（SO₃H）（SO₃Na）

取 5ml 处理好的 H 型树脂放入交换柱中，倒入 1mol/L NaCl 溶液 300ml，用 500ml 锥形瓶接流出液，流速 1～2 滴/min。注意不要流干，最后用少量水冲洗交换柱。将流出液转移至 500ml 容量瓶中。锥形瓶用蒸馏水洗三次，也一并转移至容量瓶中，最后将容量瓶用蒸馏水稀释至刻度。然后分别取 50ml 液体于两个 300ml 锥形瓶中，用 0.1mol/L NaOH 标准溶液滴定。

空白实验取 300ml 1mol/L NaCl 溶液于 500ml 容量瓶中，加蒸馏水稀释至刻度，取样进行滴定。体积交换容量 E 用下式计算：

$$E = \frac{M(V_1 + V_2)}{V} \tag{2-14}$$

式中，E 为体积交换容量，mol/ml；M 为 NaOH 标准溶液的浓度，mol/L；V_1 为样品滴定消耗的 NaOH 标准溶液的体积，ml；V_2 为空白滴定消耗的 NaOH 标准溶液的体积，ml；V 为树脂的体积，ml。

用小量筒取 5ml H 型树脂，在交换柱中转为 Na 型并洗至中性，用量筒测其体积。膨胀系数 P 按下式计算：

$$P = \frac{V_H - V_{Na}}{V_H} \times 100 \tag{2-15}$$

式中，P 为膨胀系数，%；V_H 为 H 型树脂体积，ml；V_{Na} 为 Na 型树脂体积，ml。

或者在交换柱中测 H 型树脂的高度，转型后再测其高度，则：

$$P = \frac{L_H - L_{Na}}{L_H} \times 100 \tag{2-16}$$

式中，L_H 为 H 型树脂的高度，cm；L_{Na} 为 Na 型树脂的高度，cm。

五、实验结果和处理

1. 苯乙烯和二乙烯苯悬浮聚合所得的珠状共聚物的合格率。

2. 计算树脂的交换容量。

六、思考题

1. 引发剂过多或过少，对聚合反应有何影响？
2. 磺化反应温度过高，对所得产品的离子交换容量有何影响？
3. 计算本实验所制备的白球的交联度。
4. 欲制得的白球合格率高，实验中应注意哪些问题？
5. 磺化的后处理过程中，为什么需逐渐稀释硫酸以及滴加水的速度不宜过快且控制温度小于35℃？

七、参考文献

[1] 复旦大学化学高分子科学系，高分子科学研究所. 高分子实验技术（修订版）［M］. 上海：复旦大学出版社，1996.
[2] 赵德仁. 高聚物合成工艺学［M］. 北京：化学工业出版社，1988.
[3] 钱庭宝，刘维琳. 离子交换树脂的应用手册［M］. 天津：南开大学出版社，1988.

八、附注

① 致孔剂就是能与弹体混溶，但不溶于水，对聚合物能溶胀或沉淀，但其本身不参加聚合也不对聚合产生链转移反应的溶剂。

② 亚甲基蓝为水溶性阻聚剂。它的作用是防止体系内发生乳液聚合，如水相内出现乳液聚合，将影响产品外观。

③ 洗球是为了洗掉 PVA，在尼龙纱袋中进行比较方便。

④ 由于是强酸，操作中要防止酸被溅出。学生可准备一空烧杯，把树脂倒入烧杯内，再把硫酸倒进盛树脂的烧杯中，可以防止酸被溅出来。

实验52　生物降解型水凝胶的制备与表征

一、实验目的

1. 了解三维网络聚合物制备的原理。
2. 掌握高吸水保水材料的吸水原理以及制备方法。

二、实验原理

水凝胶是以水为分散介质的凝胶，是具有三维网络结构的高分子聚合物。在网状交联结构的水溶性高分子中引入一部分疏水基团和亲水残基，亲水残基与水分子结合，将水分子连接在网状内部，而疏水残基遇水膨胀。它能够吸收几十到几千倍自重的水分，在一定压力下水凝胶中的水分也不容易释放出来。

水凝胶吸水前后示意见图 2-21、水凝胶保持水分子示意见图 2-22。

图 2-21　水凝胶吸水前后示意图

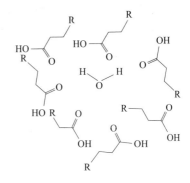

图 2-22　水凝胶保持水分子示意图

三、仪器和试剂

1. 仪器

数显恒温水浴锅	1 台	电子分析天平	1 台
分光光度计	1 台	电热恒温鼓风干燥箱	1 台
电动搅拌器	1 台	集热式恒温磁力搅拌器	1 台
托盘天平	1 个	称量纸	1 盒
25ml 量筒	1 个	250ml 烧杯	3 个
表面皿	3 个	滤纸	1 盒
剪刀	1 把	电动搅拌器	1 台
三口烧瓶	2 个	回流冷凝装置	1 个
温度计	1 个	玻璃棒	1 个
胶头滴管	1 个	缓释实验装置	1 套
保鲜膜	1 卷		

2. 试剂

木浆纤维素	$600 \times 10^{-3} Pa \cdot s$	PEG-6000	C. P.
丙烯酸	C. P.	过硫酸钾	C. P.
N,N-亚甲基双丙烯酰胺	C. P.	氢氧化钾	C. P.
氮气	A. R.		

四、实验步骤

① 在装有搅拌器、回流冷凝器、温度计的三口烧瓶中加入 3g 木浆纤维素、4.8gPEG-6000 和 25ml 水溶解，然后加热至 50℃ 左右，进行搅拌糊化，糊化 30min，降温。

② 用小烧杯量取 17g 丙烯酸，然后用浓度为 10mol/L 的氢氧化钠溶液中和至中和度为 70% 的室温中和液。

③ 将 0.01g N,N-亚甲基双丙烯酰胺、70% 中和度的丙烯酸、0.6g 过硫酸钾加入到装有糊化的木浆纤维素与 PEG-6000 的三口烧瓶中。再通入 N_2，排除三口烧瓶中的空气，

塞好三口烧瓶口，在 $60\sim65℃$ 的水浴中搅拌反应 $1\sim2h$，直至产物出现。

④ 将反应产物取出、洗涤、抽滤，放置表面皿中，在 $80℃$ 的烘箱中烘干后，进行性能测定。

五、实验结果和处理

1. 吸水倍率的测定

切取 1 小块干燥好的实验产品，用分析天平准确称重 m_1，再将其放入蒸馏水中进行吸水处理，吸水 $24h$ 后取出产品，用吸水纸吸取产品表面的水分，在分析天平上称重 m_2，计算其吸水倍率 Q。

$$Q = (m_2 - m_1)/m_1$$

吸水倍率_____

2. 吸水速率的测定

吸水速率定义为，单位质量的吸水剂单位时间内吸收水分的速度。切取一小块干燥好的实验产品，用分析天平准确称重 m 再将其放入蒸馏水中进行吸水处理，吸水 th 后取出产品，用吸水纸吸取产品表面的水分，在分析天平上称重 m'，计算其吸水倍率 Q。每 $30min$ 测一次，直至吸水速率不变。

$$Q = (m' - m)/m_3 t$$

吸水速率_____

3. 尿素缓释的测定

配制 $100ml$、$80mg/ml$ 的尿素溶液，称取 $0.06g$ 块状凝胶置于其中，充分溶胀，选取形状均匀合适的部分凝胶称重后，置于缓释实验装置中，每隔一段时间取样，并用 721 分光光度计分析缓释溶液中的尿素质量浓度，由此可得到高吸水树脂作为尿素释放基质释放速率与时间的关系曲线。

缓释时间_____，缓释速率_____

六、思考题

交联剂的使用会影响水凝胶的哪方面性质？怎样影响？

七、参考文献

[1] 刘晓君，李坤，包泳初，陈庆华. 温度敏感型聚酯/聚乙二醇三嵌段生物可降解共聚物的降解性能及药物释放的影响因素研究进展. 中国医药工业杂志，2012，43（10）：12.

实验53　生物降解型吸油凝胶的制备与表征

一、实验目的

1. 了解吸油凝胶处理油污的方法。

2. 掌握生物降解行吸油凝胶的制备方法。

二、实验原理

凝胶型吸油材料以低交联的亲油高聚物居多。其吸油机理与高吸水树脂的吸水机理类似，其原理上是将高吸水树脂中的亲水基替换成亲油基，从而使其转化为高吸油树脂。在高聚物中的亲油基与油分子间的相互亲和作用力下，吸入的油被储藏在树脂内部的网络空间中，高聚物的吸油能力与交联度成反比，交联度低的网络空间就大，其吸油与储油的性能相对就高，但高聚物在油中的溶解度却与交联度成反比。因此，需要合理处理这一矛盾，认真把握两者平衡。

各类吸油材料的吸油机理如图 2-23 所示。

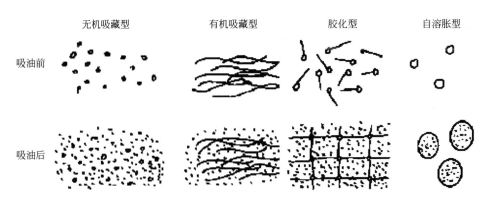

图 2-23 典型吸油材料的吸油机理

三、仪器和试剂

1. 仪器

集热式恒温加热磁力搅拌器	1台	循环水式多用真空泵	1台
电子分析天平	1台	烘箱	1台
玻璃仪器气流烘干器	1台	红外快速干燥箱	1台
医用低速离心机	1台	调温电热套	1台

2.试剂

氯仿	C. P.	氢氧化钠	C. P.
甲醇	C. P.	丙烯酸十八酯	C. P.
N,N-亚甲基双丙烯酰胺	C. P.	过氧化苯甲酰	C. P.
四氯化碳	C. P.	木浆纤维素	工业级

四、实验步骤

1. 过氧化苯甲酰（BPO）的精制

采用重结晶法，在结晶过程中温度过高会爆炸，注意控制温度。过氧化苯甲酰在不同溶液中的溶解度见表 2-6。

表 2-6 过氧化苯甲酰在不同溶剂中的溶解度

溶剂	石油醚	甲醇	乙醇	甲苯	丙酮	苯	氯仿
溶解度/(g/100ml)	0.5	1.0	1.5	11.0	14.6	16.4	31.6

室温下，在100ml烧杯中加入2.5g BPO和10ml氯仿，慢慢搅拌，使之溶解。溶液呈现白色浑浊状，浑浊为部分不溶杂质。

用普通漏斗过滤溶液，滤液中直接滴入25ml甲醇，静置片刻后放入冰箱降温。滤液为无色透明液体，加入甲醇后静置片刻，有白色针状晶体析出，放入冰箱中一段时间后，析出大量晶体。

分析：①不溶杂质被除去；②甲醇和氯仿可以互溶，但甲醇对BPO的溶解度大概只有氯仿的3%，氯仿挥发后，开始析出晶体；③降温能降低BPO的溶解度，使之大量析出。

将上一步骤的溶液用布氏漏斗抽滤，用2.5ml甲醇洗1次，抽干。抽滤后部分晶型被破坏，但绝大多数仍保留着较短的针状结构（此处洗涤是为了使烧杯壁上因溶剂挥发而析出的少量晶体不至于浪费掉，造成产率下降）。

将所得产品烘干称重，并保存于棕色瓶中（实际操作为抽滤后保存于纸袋中）。

实验装置图如图2-24所示。

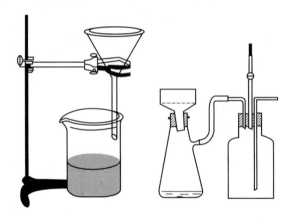

图 2-24 制备过氧化苯甲酰实验装置图

2. 凝胶的制备

实验采用悬浮聚合法聚合，体系中水油体积比为3：1。

步骤1：在三口瓶中加入水、分散剂（用量是单体总质量的0.5%，40～70℃搅拌使其溶解）后充氮。

步骤2：加入木质纤维素及丙烯酸十八酯单体（单体配比1：5）、交联剂（0.1%）及引发剂（0.2%）。在氮气保护下聚合，60℃反应30min，75℃反应1h，80℃反应3h［升温过程（60～80℃）分三个阶段反应，反应4～8h］。

步骤3：待反应完毕后，用60～80℃的去离子水洗涤，接着蒸馏出未反应物，流出液澄清时停止，趁热进行抽滤，最后干燥，用60～80℃的去离子水洗涤三次。在真空烘箱中，60℃左右烘干至恒重。

步骤 4：取一定质量的干燥好的高吸油性树脂，室温下将其浸泡在盛有四氯化碳的烧杯内约 48h，待其吸收饱和后取出称重，测其饱和溶胀度和吸油率。

$$饱和溶胀度＝吸油后质量/树脂质量$$

$$吸油率(g/g)＝(树脂吸油后质量－树脂吸油前质量)/树脂吸油前质量$$

注：单体配比为，木浆纤维素：丙烯酸十八酯＝1：5，各实验单体总重皆为 6g，分散剂、引发剂及交联剂质量分别为 0.03g、0.012g 和 0.006g。

五、实验结果和处理

产品外观：_____

饱和溶胀度：_____

吸油率：_____

六、思考题

1. 为什么相对于吸水树脂，吸油树脂溶胀度要低很多？
2. 过氧化苯甲酰为什么要精制？

七、参考文献

[1] Fingas M. Oil spills and their cleanup [J]. Chem. and Ind.，1995 (24)：1005.
[2] 张高奇，周美华，梁伯润. 高吸油树脂的研究与发展趋势 [J]. 化工新型材料，2002，30 (1)，29-31.

实验54　乳液法制备微球

一、实验目的

掌握乳液法制备微球的基本原理和方法。

二、实验原理

1. 单乳液法

单乳液法包括一步水包油（O/W）乳化过程，即直接将药物粉末分散或溶于高分子材料的有机溶液，再倾入大量的含有乳化剂的水中，形成水包油体系，待溶剂完全去除后，通过离心收集、洗涤和冷冻干燥，即可得到实心的微包囊。此法适用于水难溶性药物，如黄体酮、氢化可的松等。水溶性药物易在制备中进入水相中降低包封率。

单乳液法还包括一步油包油（O/O）乳化过程，用于制备亲水性甚至水溶性的药物如多肽等的微球。该法是以极性有机溶剂如乙腈、丙酮为分散相，以含乳化剂的油相如液体石蜡、植物油为连续相。将药物和聚合物溶解于分散相中，在连续相中乳化分散相，最后将有机溶剂挥发除去，得到载药微球。该法使药物易在微球表面结晶，有明显的效应。

2. 双乳液法

双乳液法是一个水包（油包水）乳液方法，最适合用于具有生物活性的水溶性药物，如蛋白质、多肽和疫苗等的包埋。

制备方法不同，药物的释放机制不同。W/O/W 法制得的微球突释严重，因此此法多可形成多孔性微球，其中溶剂蒸发的速率、溶剂的种类（二氯甲烷/丙酮、乙酸乙酯、二氯甲烷）、含药量都可以影响其孔隙率，此外真空干燥会使孔隙率增加，突释加快。O/O 型微球多为骨架型结构释是由于药物从表面释放出来，随即药物随水渗入骨架，缓慢释放出来。O/W 法也可形成骨架微球，首先药物从微球表面释放出形成突释后，其余药物释放前先需聚合物降解并形成空隙，所以药物释放先有一个时滞，且释药机制为三相释放（突释相、时滞相和缓释）。

三、仪器和试剂

1. 仪器

超声仪	1 台	机械搅拌器	1 台
低倍显微镜	1 台		

2. 试剂

5-氟尿嘧啶	A. R.	万古霉素	C. P.
聚己内酯	C. P.	二氯甲烷	C. P.
去离子水	C. P.	聚乙烯醇（PVA）	C. P.
Tween60	C. P.	Span40	C. P.
Span80	C. P.		

四、实验步骤

1. 单乳液法制备 O/W 微球

用超声波探头将 10mg 研细的 5-氟尿嘧啶粉末分散于 10ml 聚己内酯二氯甲烷溶液中，在搅拌下，将上述溶液倾入 200ml PVA 水溶液中（PVA 水溶液中预先加入 1ml Tween60 溶液），形成水包油乳液。继续搅拌 1h 以上以挥发溶剂，然后离心收集生成的微球。用去离子水洗涤三次后，冷冻干燥即得含有 5-氟尿嘧啶的实心微球。

2. 单乳液法制备 O/O 微球

将 1g 75∶35 或 50∶50 的 PLGA 与 1.0g、0.333g 或 0.3g 万古霉素置于 30ml 乙腈中，在 35℃ 用超声波处理 15min 以获得理论上含主药 50%、25% 和 10% 的微球。该有机相置 55℃ 水浴中保温。连续相油相为含有 2% Span40 的 125g 轻质矿物油，55℃ 保温。聚合物缓慢加入连续相中，55℃ 条件下乳化。开始以 3000r/min 搅拌，低倍显微镜下监测乳滴的形成，最后改用 440r/min 转速，在 55℃ 保持 60min 以使溶剂挥发。在略高于 35℃ 时使乳液冷却以防止 Span40 沉积，放置 1h 使微球固化。微球用过量石油醚在 55℃ 洗涤以除去 Span40。微球收率达 84%，主药包封率大于 64%。

3. 双乳液法制备微球

将 10mg 5-氟尿嘧啶溶于 1ml 去离子水中，将此溶液用超声波分散在 10ml 聚己内酯二氯甲烷溶液中（该溶液中预先加入 0.05Span80），形成油包水乳液。在搅拌下，将上述乳液倾入 PVA 水溶液中（PVA 水溶液中预先加入 1ml Tween60 溶液），形成水包（油包水）（W/O/W）双乳液。继续搅拌 1h 以上以挥发溶剂，然后离心收集生成的微球。用去离子水洗涤三次后，冷冻干燥即得含有 5-氟尿嘧啶的空心微球。

五、实验结果和处理

1. 理论产量：＿＿＿＿＿＿＿ g；实际产量＿＿＿＿＿＿＿ g；产率：＿＿＿＿＿＿＿%。
2. 微球的外貌形态。

六、思考题

1. 微球制剂有哪些制备方法？
2. 简述微球制备方法的新发展动态。

七、参考文献

[1] 周泓望，白蕊，李小芳，张发. W/O/W 乳液法制备多孔聚合物微球. 胶体与聚合物，2016，2：54-57.

第3章

材料化学设计与研究性实验

实验55　无机耐高温涂料的制备

一、实验目的

1. 了解无机耐高温涂料的性能和应用。
2. 掌握无机硅酸盐耐高温涂料的制备方法和操作的注意事项。
3. 通过实验方案设计，提高分析问题和解决问题的能力。

二、实验原理

耐高温涂料，亦称耐热涂料，一般是指在 200℃以上，漆膜不变色、不脱落，仍能保持适当的力学性能，使被保护对象在高温环境中能正常发挥作用的特种功能性涂料。耐高温涂料一般由耐高温聚合物、颜填料、溶剂和助剂组成。同其他抗高温氧化腐蚀手段相比，耐高温涂料以其大面积施工工艺性能良好、成本低、效果显著等优点受到人们的青睐，已被广泛用于高温场合的表面保护，例如钢铁厂的烟囱、高温管道、高温炉、石油裂解装置及高温反应设备等的装饰及防护。

早期的耐高温涂料主要为无机类产品。经过发展，耐高温涂料种类很多，但一般仍可分为有机和无机两大类。目前国内多使用有机硅耐高温涂料、酚醛树脂、改性环氧涂料、聚氨酯等高分子化学材料，其耐热温度一般都低于 600℃，并且易燃烧，成本较高。相对而言，无机耐高温涂料具有耐热温度高、耐热性好、硬度高、寿命长、污染小、成本低等特点，但是涂层一般较脆，在未完全固化之前耐水性不好，对底材的处理要求较高。

本实验所制备的无机硅酸盐耐高温涂料是使用无机物硅酸钠、二氧化硅、二氧化钛等耐酸耐碱性好的氧化物，按一定比例混合均匀，涂于需要的底材上，在一定温度下烘烤，可形成致密、均匀、耐高温、抗氧化、耐老化、耐酸耐碱性能较好的涂层。它是以硅酸钠和二氧化钛为成膜物质，通过水分蒸发和分子间硅氧键的结合所形成的无机高分子聚合物来实现成膜，对光、热和放射性具有稳定性，同时二氧化钛具有很好的着色力、遮盖力以及化学稳定性，故该涂料有优良的耐热和耐老化性能以及良好的附着力。

三、仪器和试剂

1.仪器

马弗炉	1台	电子天平	1台

胶头滴管、烧杯、铁片、研钵、玻璃棒、小刀、测试专用胶带若干。

2.试剂

$Na_2SiO_3 \cdot 9H_2O$	C.P.	二氧化硅	C.P.
二氧化钛	C.P.	盐酸	C.P.
氢氧化钠	C.P.		

四、实验步骤

① 用砂纸将底材表面打磨光滑,必要时可用酸处理底材表面以除去污物和氧化膜。

② 分别称取 1g $Na_2SiO_3 \cdot 9H_2O$、0.6g SiO_2、0.8g TiO_2 固体于研钵中,研磨均匀后将其置于 100ml 烧杯中,加入 0.5ml 水,搅拌混匀,得白色糊状物。

③ 用刮涂法把白色糊状物均匀地涂于处理好的底材表面上,涂抹要平整,涂层要致密(若涂抹不平整,可在涂抹时蘸取少许水,这样可得到较平整的涂层)。

④ 待涂层晒干后,将其放置于的马弗炉中,烘烤 20min,烘烤温度 80℃,取出后至少在室温下放置 5min。

⑤ 将马弗炉温度升温至 300℃,再把上一步制好的涂层放入其中,并在 300℃下烘烤 20min,取出,即可得到白色的耐高温涂料。

五、实验结果和处理

1.附着力测试(划格法)

用美工刀和钢尺在涂层上划 11 条直线,横竖交叉,间距 1mm 的方格 100 个;用专用胶带(CTZ-05 型),密实地粘在格子上,然后呈 45°角用力将胶带揭下;如方格无脱落则判定附着力为 100/100,1 个脱落判定为 99/100,依此类推。

2.耐酸性和耐碱性

在涂层上用滴管分别滴加 6mol/L 盐酸溶液、40%氢氧化钠溶液各 2 滴于不同地方,分别在 5min 后观察涂层有无失光,起泡,脱落,变黄等现象。涂层性能见表 3-1。

表 3-1　涂层性能

测试性能	测试结果
附着力	
耐酸性(5min)	
耐碱性(5min)	

六、思考题

1. 如何进行底材的表面处理?

2. 无机耐高温涂料耐酸碱的原理是什么?

七、参考文献

[1] 徐忠苹，韩文礼等. 耐高温涂料研究进展 [J]. 全面腐蚀控制，2011，(25)：8-12.
[2] 王季军，张荣伟等. 耐高温绝缘涂层的研制 [J]. 涂料工业，2005，(34)：30.

实验56　硅酸盐介孔复合材料的制备及表征

一、实验目的

1. 掌握水热反应法制备硅酸盐纳米颗粒。
2. 利用 Stöber 方法制备二氧化硅微球。
3. 掌握使用均相反应器制备硅酸盐介孔复合材料。
4. 学习和了解使用 X 射线衍射仪、扫描电镜以及投射电镜等测试手段对纳米颗粒产物进行表征。

二、实验原理

近年来，微纳尺度中空材料由于具有比表面积高、密度低等特点，并且内部中空，可以包容其他客体分子和颗粒，在催化、功能填料、气体传感、水处理等领域表现出诱人的应用前景。镍作为一种过渡金属，在催化方面具有成本低、催化活性高等优点，广泛应用于多种加氢反应中，但是常用的 Raney Ni 催化剂在制备过程中会造成污染。因此，制备高效、成本低和环境友好型的镍基催化剂具有重要的理论意义和实际意义。

水热法又称热液法，属液相化学法的范畴。水热法可简单地描述为使用高温、高压水溶液使得通常难溶或不溶的物质溶解和重结晶。水热法具有高纯、超细、溶解性好、粒径分布窄、颗粒团聚程度轻、晶体生长较完整、工艺相对简单、粉体烧结活性高等特点。

二氧化硅球具有较好的生物相容性，较好的力学性能，同时表面含有较多的亲水基团并且表面带有负电荷，可以防止粒子的团聚，因此二氧化硅被当做理想的低成本模板广泛使用。

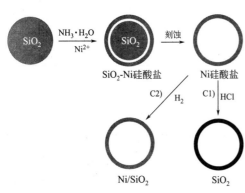

图 3-1　硅酸镍空心球、硅镍空心球和二氧化硅空心球的形成示意图

以二氧化硅胶体粒子为模板和反应物，在碱性环境下，以硝酸铜和硫酸镍为反应物，一步法分别合成了具有表面纳米管组成的硅酸铜和硅酸镍空心球，二氧化硅在合成过程中起到模板的作用，同时一部分为反应提供硅源，其他部分被碱性介质（$NH_3 \cdot H_2O$）刻蚀掉。实验结果表明，水热得到的硅酸铜和硅酸镍空心球都具有很高的比表面积，调节水热反应时间，可以得到不同核壳厚度的核壳球和空心球。同时，在废水处理中，硅酸铜和硅酸镍对甲基蓝表现出了良好的吸附效果。制备得到的

硅酸镍空心球分别采用氢气还原和盐酸处理得到了硅镍空心球和二氧化硅空心球。图3-1就是采用二氧化硅为模板，制备出硅酸镍空心球、硅镍空心球和二氧化硅空心球的形成示意图。

三、仪器和试剂

1. 仪器

均相反应器	1台	磁力搅拌器	2台
研钵	1个	量杯	5个
电热恒温干燥箱	1台	坩埚	5个
烧杯	5个	称量瓶	2个
高速离心机	1台	超声波清洗器	1台
马弗炉	1台	电子天平	1台

2. 试剂

正硅酸乙酯	C. P.	无水乙醇	C. P.
氨水	C. P.	硝酸铜	C. P.
乙酸铜	C. P.	乙酸镍	C. P.

四、实验步骤

1. 不同尺寸二氧化硅球模板的制备

二氧化硅模板是通过 Stöber 方法制备得到的。具体过程如下：将 50ml 无水乙醇、16ml 水和 9ml 氨水搅拌并加入 5ml 正硅酸乙酯，继续搅拌 4h。离心、洗涤、干燥后得到的白色粉末即为二氧化硅粉体。通过调节氨水、水和正硅酸乙酯的用量，可以得到不同尺寸的二氧化硅模板。

2. 碱式硅酸镍/二氧化硅核壳球的制备

将采用 Stöber 法制备的 0.1g 二氧化硅超声分散在 40ml 去离子水中，形成白色乳液，然后加入 0.8mmol 乙酸镍，继续超声 30min，最后将混合绿色乳液转移至内衬为聚四氟乙烯的不锈钢高压釜中，180℃下分别保温 6h、12h 和 24h，自然冷却至室温，收集样品。经离心、洗涤、干燥后得到的淡绿色粉末，即为介孔碱式硅酸镍核壳微球。改变二氧化硅和镍离子的物质的量比、反应温度和反应时间三个变量，可得到不同的样品。

3. 碱式硅酸镍铜复合材料的制备

称取 0.1g 二氧化硅在 40ml 去离子水中超声分散 40min。称取 0.6mmol 乙酸铜于 100ml 烧杯中，加入 4ml 氨水（溶液 1）。将 0.3mmol 乙酸镍加入到分散均匀的二氧化硅溶液中搅拌 10min（溶液 2）。合并上述两种溶液，继续搅拌 30min，水热反应 120℃、12h。经离心、洗涤、干燥后得到的淡绿色粉末，即为介孔碱式硅酸镍铜核壳微球。改变硅酸镍和乙酸铜的物质的量比、反应时间和温度，得到不同结构、不同形貌的样品。

4. 分析测试手段

① 透射电子显微镜分析（TEM）　采用日本产 JEM-2000EX 型电镜，操作电压为 160kV。取少量试样分散于乙醇中，然后经超声分散 15min，使试样分散。用直径为

3mm 覆盖碳膜的圆形小铜网在分散液中取样，用滤纸吸干，放入电镜中观察。

② 场发射扫描电子显微镜分析（FESEM） 采用日本产 JSM-6700F 型扫描电子显微镜，操作电压为 10kV，测试距离为 10cm 左右。取少量试样用导电胶粘在铜基体上，并经过一个 JFC-1600 型自动镀膜机镀上铂金薄膜后进行观察。

③ X 射线衍射分析（XRD） 样品的晶体结构分析采用日本理学 D/MAX-2500 型转靶 X 射线衍射仪（管流为 100mA，管压为 40kV，CuKα，$\lambda = 0.154178nm$）。取适量试样，在研钵中研磨细化以后，涂于载玻片上，放入衍射仪，根据试样特点选好扫描角度范围及扫描速度，测定其衍射谱。

五、实验结果和处理

根据表征结果对样品的组成、结构、形貌进行分析解释。

六、思考题

1. 如何提高二氧化硅的颗粒均匀度？
2. 如果硅酸盐的晶型不好，如何提高？

七、参考文献

［1］ Guo Z Y，Du F L，Li G C，Cui Z L. Controlled synthesis and catalytic properties of mesoporous nickel-silica core-shell microspheres with tunable chamber structures ［J］，Chem. Commun. ，2008，2911-2913.

［2］ Stober W，Fink A. Controlled Growth of Monodisperse Silica Spheres in the Micron Size Range ［J］，Journal of colloid and interface science，1968，26，62-69.

［3］ Sun X Z，Du F L. Synthesis under mild conditions and high catalyticproperty of bimetal Ni-Cu/SiO$_2$ hollow spheres，RSC Adv. ，2015，5，102436-102440.

实验57　聚 *N*-异丙基丙烯酰胺水凝胶/氧化亚铜复合材料的制备

一、实验目的

1. 掌握自由基溶液聚合法制备聚 *N*-异丙基丙烯酰胺水凝胶。
2. 学习聚 *N*-异丙基丙烯酰胺聚合物的自组装行为。
3. 掌握材料表征方法。

二、实验原理

分子自组装的原理是利用分子与分子或分子中某一片段与另一片段之间的分子识别，相互通过非共价作用形成具有特定排列顺序的分子聚合体。分子自发地通过无数非共价键的弱相互作用力的协同作用是发生自组装的关键。这里的"弱相互作用力"指的是氢键、范德华力、静电力、疏水作用力、π-π 堆积作用、阳离子 π 吸附作用等。非共价键的弱相互作用力维持自组装体系的结构稳定性和完整性。

聚 N-异丙基丙烯酰胺（PNIPAm）是最具代表性的一种新型温敏智能水凝胶，当温度低于 LCST（临界溶解温）时，聚合物溶于水中形成均相的溶液，而当温度升高至 LCST 以上时，聚合物从溶液中析出，溶液发生相分离，溶液黏度明显变大。此外，PNIPAm 的绝缘性能和成膜性能良好，毒性较低，这些优异的性能都使 PNIPAm 成为智能材料中的佼佼者。利用 PNIPAm 水凝胶来实现通过温度调节对物质的吸附和释放进行控制，即所谓的药物释放"开-关"控制系统，从而达到药物缓释作用。

溶液聚合为单体、引发剂（催化剂）溶于适当溶剂中进行聚合的过程。自由基溶液聚合过程中聚合热易扩散，聚合反应温度易控制，可以溶液方式直接成品；反应后产物易输送；低分子物易除去；能消除自动加速现象，因此是实验室中最为常见的方法。

反应式：

$$m\ C_6H_5CH{=}CH_2 + n\ CH_2{=}CHCONHCH(CH_3)_2 \longrightarrow \text{[CHCH}_2\text{]}_m\text{[CHCH}_2\text{]}_n \quad (3\text{-}1)$$

$$\text{[CHCH}_2\text{]}_m\text{[CHCH}_2\text{]}_n + CH_2{=}CHCONHCH_2NHCOCH{=}CH_2 \longrightarrow \quad (3\text{-}2)$$

三、仪器和试剂

1. 仪器

鼓风烘箱	1 台	4000r/min 离心机	1 台
分析天平	1 台	10ml 量筒	1 支
50ml 三口烧瓶	1 支	温度计	1 支
10ml 离心管	6 个	直形冷凝管	1 支

2. 试剂

N-异丙基丙烯酰胺	C.P.	过硫酸铵（APS）	A.R.
N,N-亚甲基双丙烯酰胺（BIS）	A.R.	偏重亚硫酸钠	A.R.
苯乙烯	A.R.	无水乙醇	A.R.
丙三醇	A.R.		

四、实验步骤

1. 聚 N-异丙基丙烯酰胺的制备

按照图 3-2 连接仪器，将 0.5g N-异丙基丙烯酰胺（NIPAm）、2ml 苯乙烯、0.065g N,N-亚甲基双丙烯酰胺（BIS）和磁子放于三口烧瓶中，通氮气除氧，油浴加热并搅拌至 30℃，使药品完全溶解。

待溶解完全后，油浴缓慢加热到 60℃，再加入约 0.15g 引发剂过硫酸铵（APS）和约 0.328g 促进剂（偏重亚硫酸钠），反应 6h，趁热离心得粗产物，再用 5ml 乙醇将产物

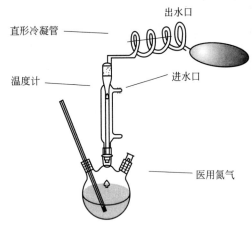

直形冷凝管

出水口

温度计

进水口

医用氮气

图 3-2 聚 N-异丙基丙烯酰胺水凝胶的
制备装置图

进行洗涤离心，重复操作三次。最后将样品置于 60℃ 烘箱里干燥，产率 50%～80%。利用红外光谱分析仪研究样品的结构组成，用紫外-可见分光光度计在 500nm 处测定不同温度溶液的吸光度，通过突变点来判断样品的最低临界溶解温度 LCST 为 32℃。

2. 聚合物在选择性溶剂中的自组装行为及包覆氧化亚铜复合材料的制备

将 0.5g PNIPAm 溶解在选择性溶剂 8ml 水（或者二甲苯）中，静置 12h，使共聚物在选择性溶剂中进行充分地自组装，然后将 0.05g 氧化亚铜纳米颗粒在无水乙醇中超声分散 15min，将聚合物溶液和纳米颗粒溶液超声混合 30min，即得复合材料，干燥后研磨备用。用共聚焦显微镜（LSCM）观察，得到复合材料的自组装形貌为球形囊泡结构，有清晰的双层边缘，囊泡的粒径在 200～500nm。

五、实验结果与处理

1. 溶胀度的测定

将制备的定量干胶放入恒温 20℃ 超纯水中，溶胀平衡后取出，用滤纸擦拭掉表面的水分，称湿胶的质量。每隔 1h 测量一次。

按公式计算溶胀度（SR）：

$$SR = (m_w - m_d)/m_d \times 100\%$$

式中，m_w 为达溶胀平衡后的湿胶质量；m_d 为干胶的质量。

2. LCST 的测定（见表 3-2）

表 3-2 LCST 的测定

序号	1	2	3	4	5	6
温度						
吸光度						

六、思考题

1. 交联剂用量对凝胶的溶胀度有何影响？

2. 对于两亲性聚合物，在选择性溶液中的自组装形貌为什么会因溶剂选择不同而表现出很大差异？

七、参考文献

[1] 唐青，胡艾希，谭英等. 聚 N-异丙基丙烯酰胺类温敏凝胶的制备及其对萘普生钠的缓释作用［J］. 药学进展.

2006.30 (4)：171 174.

[2] 翟利民，王慧，徐健等．盐引发阴离子/非离子表面活性剂复配体系中囊泡自发形成 [J]．化学学报．2007.65
(1)：27-31.

[3] 彭涛，张光业．脲醛树脂包覆环氧树脂微胶囊的制备 [J]．塑料工业．2015.43 (2)：73-76.

实验58　颜料型数码印花墨水

一、实验目的

1. 了解砂磨机工作原理及使用方法。
2. 理解和掌握有机材料在水性体系中稳定分散的原理和方法。

二、实验原理

本实验主要掌握两个原理：砂磨机/分散机工作原理；颜料在溶剂中的稳定分散原理。

砂磨机工作原理：一般为湿式研磨，研磨槽内填充适量锆珠或其他研磨媒体，经由分散叶片或棒硝的高速转动，赋予研磨媒体以足够的动能，与被分散的颗粒（本实验中的颜料）撞击产生剪力，从而将分散颗粒（颜料）分成更小的颗粒。

颜料的分散原理：通过降低液/固界面的张力来实现。根据分散剂种类不同，分散机理也不同，分别有电荷稳定机理（双电层理论）以及空间稳定机理（熵排斥理论、渗透排斥理论）。分散剂的分散式通过锚固基团取代固体表面的亲水基设计。根据颜料表面的极性强弱，分别通过化学键、氢键等方式结合。具体如图 3-3、图 3-4 所示。

图 3-3　不同固体表面超分散剂分散状态

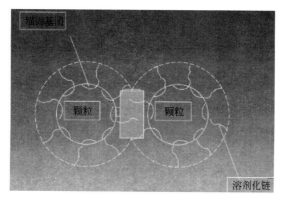

图 3-4　超分散剂分散机理

三、仪器和试剂

1. 仪器

砂磨机/分散机	1台	铁架台	1台
电动搅拌器	1台	循环水式多用真空泵	1台
微米级过滤膜	1个	玻璃砂心抽滤瓶	1台
电子分析天平	1台	鼓风干燥箱	1台
物料瓶	1个		

2. 试剂

超分散剂	工业纯	消泡剂	工业纯
颜料	工业纯	锆珠	0.8~1.2mm 混合
丙三醇	A. R.	丙二醇	C. P.
表面活性剂 2210	工业纯	乙醇胺	化学纯
交联剂 TM-139	工业纯	树脂	C. P.
消泡剂 104E	工业纯		

四、实验步骤

1. 用分散剂研磨颜料

色浆制备步骤如下。

① 称取去离子水 17.28g 加入到物料瓶中。

② 称取超分散剂 4g 加入到瓶中。

③ 加入消泡剂 0.12g 后，放入分散机中振荡分散 10min。

④ 取出物料瓶，加入颜料，加入 2 倍质量锆珠，混合振荡研磨 3h 得到颜料色浆。

2. 墨水制备步骤

按照表 3-3 的配方和以下步骤配制，并加入到新的物料瓶中制备墨水。

① 称取色浆加入。

② 加入丙三醇，加入丙二醇。

③ 加入表面活性剂，加入树脂液。

④ 加入乙醇胺调节 pH 8.5~9，加入消泡剂。

⑤ 加入杀菌剂。

⑥ 加入水。

⑦ 混合均匀即可。

3. 墨水性能测定

墨水配制完毕后，测定墨水中颜料的粒度、墨水的黏度、表面张力以及电导率和 pH 值等。与以下参数做对比，讨论墨水各组分对参数的影响。

粒度：150~350nm

表面张力：30~40mN/m

黏度：$(20 \sim 30) \times 10^{-3} Pa \cdot s$

表 3-3　水性颜料印花墨水配方

配方	用量	配方	用量
色浆	8%	乙醇胺	0.05%
丙三醇	2%	交联剂	0.1%
丙二醇	7%	消泡剂	0.08%
表面活性剂	0.5%	水	26%
树脂液	6%		

五、实验结果和处理

粒度：＿＿＿＿＿＿＿＿＿＿＿＿＿＿＿＿

黏度：＿＿＿＿＿＿＿＿＿＿＿＿＿＿＿＿

表面张力：＿＿＿＿＿＿＿＿＿＿＿＿＿

电导率：＿＿＿＿＿＿＿＿＿＿＿＿＿＿

pH 值：＿＿＿＿＿＿＿＿＿＿＿＿＿＿

六、思考题

为什么要用超分散剂而不是一般的表面活性剂进行颜料分散？

七、参考文献

[1] 姜秀娟. 谈数字印花技术的进展. 山东纺织科技，2012（2）：46-47.

[2] Carr W W，Moms J F，Schork F J，eta. Textile Ink Jet Performance and Print Quality Fundamentals. National Textile Center Annual Report，2001.

实验 59　水溶性 TiO₂ 纳米粒子的制备及光学应用

一、实验目的

1. 了解水溶性 TiO_2 纳米粒子的制备原理。
2. 掌握水溶性 TiO_2 纳米粒子的制备方法。
3. 掌握高透明度 TiO_2/SiO_2 凝胶块的制备方法。

二、实验原理

水溶性 TiO_2 纳米粒子的制备采用钛酸四丁酯作为前驱体，在乙醇溶液中，钛酸四丁酯在酸催化下发生如下的水解、缩合反应形成 TiO_2 溶胶。

$$Ti(OBu)_4 + H_2O \xrightarrow{H^+} (BuO)_3—Ti—OH + BuOH \qquad (3-3)$$

$$2(BuO)_3—Ti—OH \longrightarrow (BuO)_3—Ti—O—Ti—(OBu)_3 + H_2O \qquad (3-4)$$

在钛酸四丁酯的反应过程中产生的丁醇，可在干燥过程中化学吸附到 TiO_2 纳米粒子表面生成丁氧基，丁氧基在乙醇溶剂中充分伸展形成如图 3-5 所示的空间位阻效应，因此

TiO₂ 纳米粒子之间无法通过形成氧桥键而硬团聚，纳米粉末中颗粒之间只通过范德华力而连接，在分散到水中时这种弱的物理键连接很容易被外力破坏，从而重新形成 TiO₂ 溶胶。

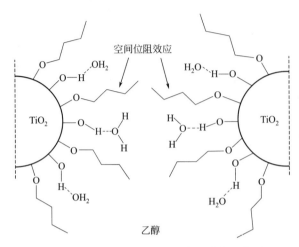

图 3-5 TiO₂ 纳米粒子空间位阻效应示意图

本实验将水溶性 TiO₂ 纳米粒子分散到 SiO₂ 凝胶中而形成高透明度 TiO₂/SiO₂ 凝胶块。SiO₂ 凝胶的制备是采用正硅酸乙酯作为前驱体，正硅酸乙酯在酸性催化的条件下发生下面的水解和缩合反应而形成 SiO₂ 凝胶。

$$\equiv\!Si\!-\!OH + H^+ \longrightarrow \equiv\!Si\!-\!\overset{H}{\underset{+}{O}}\!-\!H \tag{3-5}$$

$$\equiv\!Si\!-\!OH + H^+ \equiv\!Si\!-\!\overset{H}{\underset{+}{O}}\!-\!H \longrightarrow \equiv\!Si\!-\!O\!-\!Si\!\equiv + H_2O + H^+ \tag{3-6}$$

三、仪器和试剂

1. 仪器

100ml 烧杯	2 个	5cm 培养皿	1 个
烘箱	1 台	紫外可见分光光度计	1 台

2. 试剂

钛酸四丁酯	A. R.	正硅酸乙酯	A. R.
吗啉	A. R.	N,N-二甲基甲酰胺	A. R.
乙醇	A. R.	甲醇	A. R.
硝酸	A. R.		

四、实验步骤

1. 水溶性 TiO₂ 的制备

将 14.5ml 无水乙醇加入到 50ml 烧杯中，滴入 2ml 钛酸四丁酯并晃动烧杯形成透明溶液，加入 1.4ml 浓硝酸作为酸性催化剂室温反应 20h，反应后将所得到的浅黄色胶体溶液放入烘箱，80℃干燥至形成干燥的 TiO_2 凝胶块。

2. 高透明度 TiO_2/SiO_2 凝胶块的制备

将 0.25g TiO_2 凝胶块分散于 0.5ml 去离子水中，然后加入 1ml 正硅酸乙酯，再分别加入 1.5ml 甲醇、1ml N,N-二甲基甲酰胺和 10μl 吗啉。将混合好的溶液倒入 5cm 培养皿中并盖盖密封，在几分钟后即可形成透明的凝胶块，将此凝胶块室温放置干燥直到形成如图 3-6 所示的高透明度 TiO_2/SiO_2 干凝胶块。

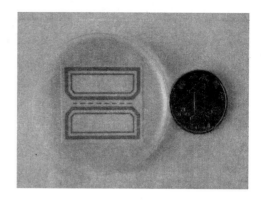

图 3-6　TiO_2/SiO_2 干凝胶块的光学照片

五、实验结果与处理

采用紫外可见分光光度计测试凝胶块的光学性质，采用 Origin 或 Excel 软件处理导出的数据，绘制出如图 3-7 所示的紫外可见光谱。

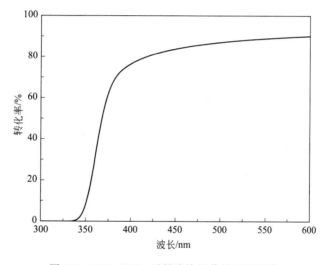

图 3-7　TiO_2/SiO_2 干凝胶块的紫外可见光谱

六、思考题

1. 分析图 3-7 的紫外可见光谱。

2. 采用钛酸四丁酯的酸解制备 TiO_2 纳米粒子是一个常用的方法，为什么本实验的方法可以制备出水溶性的 TiO_2 纳米粒子？

七、参考文献

[1]　Zhao Y，Ren W，Cui H. Surfactant-free synthesis of water-soluble anatasenanoparticles and their application in preparation of high optic performance monoliths [J]. J Colloid Interface Sci，2013，398：7-12.

[2]　Brinker CJ，Scherer GW. The physics and chemistry of Sol-Gel processing [M]. Academic Press. 1990.

实验60　CoOOH纳米粒子稳定水性泡沫的形成及分级纳米结构的制备

一、实验目的

1. 了解无机纳米粒子水性泡沫的形成原理。
2. 掌握 CoOOH 水性泡沫和分级纳米结构的制备方法。

二、实验原理

由纳米粒子取代表面活性剂形成稳定的泡沫，可以作为制备纳米结构的模板。在溶液中加入具有适当表面性质的纳米或微米级颗粒可以产生稳定的泡沫。颗粒稳定泡沫的主要机理是颗粒聚集在气液界面，可以减少气泡间的接触面积，形成致密粒子化膜，能够抑制气泡的聚并和歧化，颗粒在气液界面不规则的排液延长了液膜的排液时间。

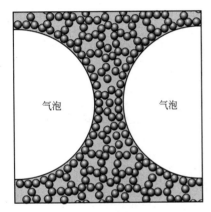

图 3-8　CoOOH 水性泡沫的形成机理

颗粒在气液界面的吸附对于泡沫的稳定具有决定性作用，而颗粒接触角的大小则决定了泡沫的稳定性。接触角的定义为，在气、液、固三相交点处所作的气液界面的切线穿过液体与固液交界线之间的夹角 θ。形成高稳定性的纳米粒子稳定泡沫要求纳米粒子的接触角等于或接近 90°，大于或小于 90° 会造成泡沫的失稳。一般来说，很难得到接触角接近 90° 的纳米粒子，所以通常采用助表面活性剂调节纳米粒子的接触角。本实验则采用了不同的机理，即采用高亲水性 CoOOH 纳米粒子作为稳定剂，在高浓度的 CoOOH 纳米粒子悬浮液中，高浓度的纳米粒子由于受迫团聚而在气泡之间的液膜中形成如图3-8所示的凝胶网络，此网络可抵抗气泡之间的融合和液体蒸发形成的收缩力，干燥后即可形成分级纳米结构。

三、仪器和试剂

1. 仪器

50ml 烧杯	2个	玻璃棒	2个
磁力搅拌器	1个	抽滤瓶	1个
5ml 螺口样品瓶	2个	布氏漏斗	1个
真空泵	1台	真空干燥箱	1台
光学显微镜	1台	载玻片和滤纸	若干

2. 试剂

六水合氯化钴	C. P.	氟化铵	A. R.

| 环氧丙烷 | A. R. | 氨水 | A. R. |

四、实验步骤

1. CoOOH 纳米粒子的制备

将 2.86g 六水合氯化钴和 0.11g 氟化铵加入 50ml 烧杯中，加入 20ml 去离子水进行溶解，完全溶解后加入 9.4ml 环氧丙烷搅拌反应 6h，反应结束后将沉淀用布氏漏斗分离并用去离子水清洗 3 次。将 20ml 氨水加入 50ml 烧杯中，再将得到的沉淀等分为 3 份，取 1 份加入 20ml 氨水中，磁力搅拌反应 6h 即可得到稳定的溶胶，之后将溶胶放入真空干燥箱中室温干燥。

2. CoOOH 纳米粒子稳定水性泡沫及纳米结构的制备

将干燥后的粉末放入 5ml 样品瓶中，加入适量去离子水混合均匀后取样，并用光学显微镜观察（样品 1）。将样品瓶振荡 5min，用滴管取少量产生的泡沫分别放置于 3 片载玻片后形成三个样品，立即用光学显微镜观察其中一个样品（样品 2），另一个样品在50℃烘箱干燥（样品 3），最后一个样品在室温下干燥（样品 4），样品 3 和 4 在干燥后用光学显微镜观察。

五、实验结果与处理

将 4 个样品用光学显微镜观察并拍摄得到如图 3-9 的照片。

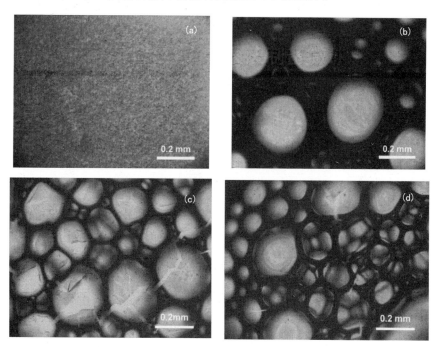

图 3-9　样品 1（a）、样品 2（b）、样品 3（c）和样品 4（d）的光学照片

六、思考题

1. 写出制备 CoOOH 纳米粒子的反应方程式。

2. CoOOH 纳米粒子在去离子水中的浓度是否会影响泡沫的稳定性？

3. 是否可以通过对形成的泡沫进行升温而加快干燥过程？

七、参考文献

[1] Cui H，Zhao Y，Ren W，Liu Y，Wang M. Aqueous foams stabilized solely by CoOOH nanoparticles and the resulting construction of hierarchically hollow structure [J]. J. Nano. Res.，2013，15：1851.

[2] Hunter T N，Pugh RJ，Franks G V，Jameson G J. The role of particles in stabilising foams and emulsions [J]. Adv. Colloid Interface Sci. 2008，137：57-81.

实验61 氧化亚铜/蜜胺树脂单分散功能微球的制备

一、实验目的

1. 掌握蜜胺树脂的合成以及复合材料的制备技术。

2. 熟悉聚合物的分离、提纯等操作。

二、实验原理

蜜胺树脂（MF）又名三聚氰胺甲醛树脂，是利用三聚氰胺和甲醛经羟基化反应再缩聚制得的一种用途很广的热固性氨基树脂，广泛用于塑料、涂料、胶黏剂、纸张、皮革、织物等的处理剂。由于蜜胺树脂的制备工艺简单，反应周期短，使用温度高，且表面富含氨基等多种活性基团，便于后期活性功能化，更重要的是制备颗粒易于分散，因此有着广阔的市场应用潜力。

蜜胺树脂的合成及复合材料的制备：

羟甲基化反应中，由于三聚氰胺有六个可反应的氢原子，控制甲醛三聚氰胺的比例，可以得到含有 $1\sim6$ 个羟甲基的产物，继续发生缩聚反应后，可得到满足不用应用领域的密胺树脂。

蜜胺树脂微球能够吸附 Cu^{2+}，经过碱性条件下的葡萄糖还原，即可以得到氧化亚铜-蜜胺树脂复合材料。

$$MF^- Cu^{2+} \xrightarrow{NaOH} \xrightarrow{Glucose} MF\text{-}Cu_2O$$

三、仪器和试剂

1. 仪器

恒温水浴	1 台	离心机	1 台
超声仪	1 台	光学显微镜	1 台
分析天平	1 台	差热分析仪（DTA）	1 台
热重分析仪（TGA）	1 台	搅拌器	1 台
冷凝管	1 支	温度计	1 支
滴液漏斗	1 支	pH 试纸	1 盒
500ml 四口烧瓶	1 支		

2. 试剂

三聚氰胺	A. R.	聚乙烯醇-600	A. R.
氢氧化钠	A. R.	氯化亚锡	A. R.
无水碳酸钠	A. R.	硫酸铜	A. R.
葡萄糖	A. R.	稀盐酸	A. R.
甲醛	A. R.		

四、实验步骤

1. 蜜胺树脂的制备

将 2.8g 三聚氰胺，6ml 甲醛溶液（37%）、9ml 去离子水加入烧杯中，再加入无水碳酸钠调节 pH 为 8.5，50℃搅拌，反应至澄清溶液；取 0.5ml 聚乙烯醇浓溶液加入到上述溶液中，用稀盐酸调节溶液的 pH 为 4.5，60℃搅拌，反应至微球粒径不变时停止反应（用光学显微镜观察），离心后用去离子水洗涤三次，60℃低温烘干得到蜜胺树脂微球。实验可以制备出 $3 \sim 4 \mu m$ 的球状蜜胺树脂。

2. 蜜胺树脂微球的粗化和敏化

称取 1.5g 蜜胺树脂微球于 100ml 的蒸馏水中，超声分散 10min，用稀盐酸调节溶液 pH 为 2，加入 0.1g 氯化亚锡，50℃搅拌，反应 10min 离心、去离子水洗涤 3 次，得到敏化的蜜胺树脂微球。

3. Cu_2O-MF 的制备及表征

将上述离心后的敏化蜜胺树脂，加入 50ml、0.5mol/L 硫酸铜溶液中，搅拌 10min 后，加入 25ml、1mol/L NaOH 溶液，继续加入 25ml、2mol/L 葡萄糖，控制温度在50~60℃之间，搅拌 20min，静置 30min，得到氧化亚铜-蜜胺树脂的复合材料。

4. 样品表征

借助双面胶将粉末黏附于样品台上，喷金后利用扫描电镜观察样品形貌，观察到球状蜜胺树脂周边聚集氧化亚铜颗粒，用差热分析仪（DTA）、热重分析仪（TGA）对微球进行分析。

五、实验结果与处理

产品外观：_____

产量：_____

六、思考题

1. 影响蜜胺树脂质量的因素有哪些？

在三聚氰胺甲醛树脂的生成过程中，原料的摩尔比，反应介质的 pH，原材料的质量以及反应终点控制等都是影响树脂质量的重要因素。

2. 为什么三聚氰胺甲醛反应控制 pH=8.5 左右？

如果反应在中性条件下进行，反应速度过慢，酸性条件下反应过快，容易形成凝胶；而在强碱性条件下，又容易发生康尼扎罗反应。试验结果表明：pH 在 8.5 左右的弱碱性条件下，反应速度适宜，副反应少，反应容易控制。

3. 制备蜜胺树脂过程中加入聚乙烯醇的作用是什么？

对蜜胺树脂进行改性，并对合成条件进行了优化，提高了蜜胺树脂的稳定性，提高树脂的力学性能和磨削比。

七、参考文献

[1] 牟绍艳，路遥. 蜜胺树脂微球胶囊的制备及应用研究进展 [J]. 现代化工，2011，2：17-20.

[2] 黄玉安，秦安川，房祖圣等. 单分散镀镍/银三聚氰胺甲醛树脂微球制备与表征 [J]. 南京大学学报（自然科学版），2014，1：54-56.

[3] 杨晓刚，张何林，王宏力等. 蜜胺树脂的改性工艺研究 [J]. 现代化工，2012，8：52-53.

实验62　硫脲壳聚糖锌的制备及其抑菌研究

一、实验目的

1. 了解抑菌圈法测定硫脲壳聚糖锌的抑菌性能。
2. 了解最小抑菌浓度的测定方法。
3. 掌握用红外、差热、热重等表征方法分析样品。

二、实验原理

壳聚糖（CTS）是甲壳素脱乙酸基产物，是一种天然氨基多糖，具有生物可降解性、吸附重金属离子、保湿等特点，其来源非常丰富，而且可以被生物降解，具有良好的生物相容性，因而在食品、医药、纺织、印染、化妆品和环境保护等领域得到了应用。壳聚糖分子结构中含有羟基、氨基等活性基团，与金属离子有较强的配位能力。本实验通过合成壳聚糖铜配合物，研究其在人工海水中的缓释行为及其对大肠埃希氏菌的抑菌效果。结果表明，所制得的壳聚糖铜具有良好的缓释和抑菌性能。

壳聚糖及其衍生物具有抑菌性能。本实验利用硫脲/硫氰酸铵与壳聚糖（CS）反应合成硫脲壳聚糖（TUCS），进一步与 Ag 配位制备出了一系列硫脲壳聚糖-Ag 配合物，对反应条件进行了优化。通过红外、差热、热重进行表征，并研究了抑菌性能。结果表明：用硫脲/硫氰酸铵和壳聚糖按照 1∶1（物质的量比）反应，得到的硫脲壳聚糖（TUCS）与微量的 Ag 反应即可得到具有较强抑菌效果的硫脲壳聚糖-Ag 配合物。通过平板菌落计数法和浊度法得到相同的最小抑菌浓度。

三、仪器和试剂

1. 仪器

集热式恒温加热磁力搅拌器	1台	循环水式多用真空泵	1台
电子分析天平	1台	烘箱	1台
玻璃仪器气流烘干器	1台	红外快速干燥箱	1台
立式自动压力蒸汽灭菌锅	1台	调温电热套	1台
双光束紫外可见分光光度计	1台	生化培养箱	1个
无菌操作台	1套		

2. 试剂

氯化钠	A. R.	氢氧化钠	A. R.
盐酸	A. R.	乙醇	A. R.
醋酸	A. R.	壳聚糖（CS）	A. R.
牛肉浸膏	A. R.	蛋白胨	A. R.
琼脂	A. R.		

四、实验步骤

1. 硫脲壳聚糖 TUCS 的制备

称取 4g 壳聚糖和等物质的量的 NH_4SCN 及 50ml 无水乙醇，加入到单口瓶中，磁力搅拌 12h，抽滤得到沉淀物后，反复用乙醇洗涤，将 100ml 1%（体积分数）乙酸溶液加入到样品中（边加边搅拌），然后加入 10%氢氧化钠溶液形成大量沉淀，再进行抽滤，收集沉淀，用水洗至中性、干燥，得到 TUCS-1。

2. 硫脲壳聚糖-Ag 的制备

称取 0.3g TUCS-1 加入到单口瓶中，然后量取 1%（体积分数）乙酸溶液 30ml 加入其中，搅拌至 TUCS-1 充分溶解后，加入 25ml 0.5g $AgNO_3$ 溶液，遮光搅拌 3h 后，加入 200ml 丙酮溶液析出产物，充分洗涤并过滤，再用无水乙醇充分洗涤、过滤，真空干燥，得到产物 TUCS-Ag。

3. 壳聚糖衍生物抑菌性能的研究

（1）初始菌液的制备　实验之前要将所用的大肠杆菌和金黄色葡萄球菌进行传代培养，培养到第三代以上即是所需要的菌种。

（2）细菌培养基的制备　营养琼脂培养基和营养肉汤培养基是一种应用广泛和普通的细菌基础培养基。其配方如下：牛肉膏 3.0g，蛋白胨 10.0g，NaCl 5.0g，琼脂 15.0～20.0g，蒸馏水 1000ml，pH7.4～7.6。

（3）抑菌性能试验

① 配制菌悬液（见图 3-10）。

a. 接种环灭菌　左手持斜面培养物，右手持接种环，将接种环进行火焰灼烧灭菌（烧至发红），然后在火焰旁边打开斜面培养物的试管塞（注意：塞子不能放在桌上），并将管口在火焰上烧一下。

b. 取培养物　在火焰旁，将接种环轻轻插入试管的上半部（此时不要接触斜面培养物），冷却后，挑取少许菌苔。

c. 接种　迅速将沾有少量菌苔的接种环迅速放处试管的底部（注意：接种环不要碰到试管口边），在液体表面的管内壁上轻轻摩擦，使菌体分散从环上脱开，进入液体培养基。然后放在恒温振荡培养箱内培养，大肠杆菌 24h，金黄色葡萄球菌 48h。

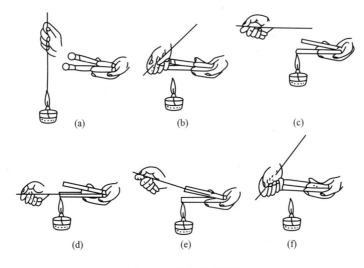

图 3-10　菌悬液的制备

② 菌悬液的涂布　将 $200\mu l$ 菌悬液涂布在培养基平板上，并均匀涂布，用无菌镊子夹取浸泡过的圆滤纸片贴于培养皿中，每皿贴 2 片。以 1.0% HAc 溶液作为空白对照。将培养皿于 37℃恒温培养，大肠杆菌 24h，金黄色葡萄球菌 48h；测定抑菌圈直径。

③ 最小抑菌浓度（MIC）测定　用平板菌落记数法测定壳聚糖的最小抑菌浓度（MIC），使壳聚糖的最终浓度分别为 0.25mg/ml、0.2mg/ml、0.15mg/ml、0.10mg/ml、0.05mg/ml、0.025mg/ml、0.010mg/ml、0.005mg/ml。最小抑菌浓度定义为，与对照相比，以肉眼观察不到的菌落对应的壳聚糖与其配合物的浓度。

五、实验结果和处理

1. 将不同的样品测的抑菌圈直径进行对比。
2. 确定最小抑菌浓度（MIC）。

六、思考题

1. 什么时候达到最小抑菌浓度？
2. 抑菌圈的大小说明了什么问题？

七、参考文献

[1] 夏金兰，王春，聂珍媛等. 羧甲基壳聚糖银噻苯咪唑的制备及其抑菌性能 [J]. 中南大学学报：自然科学版，2005，36（1）：34-37.

[2] Sun L P，Du Y M，Fan L H，et al. Preparation，characterization andantimicrobial activity of quaternizedcarboxymethyl chitosan and application as pulp-cap [J]. Polymer，2006，47：1796-1804.

[3] El-Shafei A M，Fouda M M G，Knittel D，et al. Antibacterial activityof cationically modified cotton fabric with carboxymethyl chitosan [J]. Journal of Applied Polymer Science，2008，110：1289-1296.

[4] 李华. 平板菌落计数的改进方法 [J]，生物学通报，2006，43（1）：51-52.

实验63　水性陶瓷墨水的制备

一、实验目的

1. 了解陶瓷墨水的应用意义。
2. 理解并掌握无机材料在水性体系中的稳定分散机理和方法。

二、实验原理

参考实验 56 中有机材料在水体系中的分散机理。

三、仪器和试剂

1. 仪器

砂磨机/分散机	1台	铁架台	1台
电动搅拌器	1台	循环水式多用真空泵	1台
微米级过滤膜	1个	玻璃砂心抽滤瓶	1台
电子分析天平	1台	鼓风干燥箱	1台
物料瓶	1个		

2. 仪器设备

超分散剂	工业纯	消泡剂	工业纯
无机颜料	工业纯	锆珠	0.8～1.2mm 混合
丙三醇	A. R.	丙二醇	A. R.
乙二醇	A. R.	PEG	A. R.
表面活性剂 2210	工业纯	异丁醇	A. R.
偶联剂 TM-139	工业纯	防沉剂 15H	工业纯

四、实验步骤

按照表 3-4 所列配方，将配方中的各组分加入到物料瓶中，注意颜料在分散剂之前加入。置于分散机中振荡分散 3h，期间控制墨水体系温度在 60℃以下。待墨水研磨分散完毕后，温度降至 40℃以下，取出墨水测定其粒度、电导率、pH 值、黏度和表面张力等值。与以下参数做对比，探讨各参数的影响因素。

粒度：150～350nm

表面张力：30～40mN/m

黏度：$(20～30)×10^{-3}$Pa·s

闪点：＜60℃

表 3-4   水性陶瓷墨水配方

配方	用量/g	配方	用量/g
纯净水	13.13	偶联剂	0.05
丙三醇	2.26	表面活性剂	0.15
丙二醇	1.88	消泡剂	0.1
乙二醇	1.25	防沉剂	0.25
PEG	3.75	灭菌剂	0.12
异丁醇	2.5	无机颜料	6.25
分散剂	0.32	锆珠	50

五、实验结果和处理

粒度：_____

黏度：_____

表面张力：_____

闪点：_____

六、思考题

无机颜料和有机颜料的分散有什么不同？

七、参考文献

[1] 刘长伟，李汉宇等. 新型绿色环保装修材料水性陶瓷铝板. 中国建材科技. 2012（6）：94-95.

[2] 周振君，丁湘等. 陶瓷喷墨打印成型技术进展［J］. 硅酸盐通报，2000，19（6）：37-41.

[3] Matthew M，Song J H，Evans J R G. Micro-engineering of ceramics by direct ink-jet printing. J Am Ceram Soc，1999，82（7）：1653-1668.

[4] Blazdell P F，Evans J R G，Edirisinghe M J，et al. Computer aided manufacture of ceramics using multiplayer jet printing. J Mater Sci Lett，1999，14（22）：1562-1568.

实验64　丙烯酸酯乳液压敏胶的制备

一、实验目的

1. 掌握乳液聚合的基本操作与实验要求。

2. 了解乳液型压敏胶的制备方法和配方设计原理。

二、实验原理

压敏胶是无需借助溶剂或热，只需施以一定压力就能将被粘物粘牢，得到实用黏结强度的一类胶黏剂。其中，乳液压敏胶黏剂在我国压敏胶工业中占有相当重要的地位，约占压敏胶黏剂总产量的80％。丙烯酸酯乳液压敏胶除了具有优良的压敏性能外，还具有耐候、耐光、耐油、透明、色浅及可根据用途调节其性能等特点。

丙烯酸酯类压敏胶所采用的共聚单体组成一般分为三部分：起黏附作用的软单体、起内聚作用的硬单体和起改性作用的功能性单体。软单体是碳原子数为4~12的丙烯酸烷基酯，玻璃化转变温度低，赋予胶黏剂黏结性能，主要有丙烯酸异辛酯、丙烯酸丁酯等，占共聚单体50％以上；硬单体，玻璃化转变温度高，赋予胶黏剂内聚力，同时提高产物的耐水性、透明度等，具体为碳原子数为1~4的丙烯酸烷基酯、甲基丙烯酸烷基酯、醋酸乙烯酯、偏氯乙烯、苯乙烯等；功能性单体是能与上述两种成分共聚的官能团单体，如丙烯酸、马来酸酐、丙烯酸羟乙酯、丙烯酸羟丙酯、N-羟基丙烯酰胺、二丙烯酸乙二醇酯等。

三、仪器及试剂

1. 仪器

机械搅拌器	1个	250ml 三口烧瓶	1个
水浴锅	1个	抽滤瓶	1个
布氏漏斗	1个	温度计	1个
拉胶机	1台	分析天平	1台
初粘测试仪	1台	旋转黏度测试仪	1台
烘箱	1台	移液管	若干

2. 试剂

丙烯酸丁酯	A. R.	丙烯酸异辛酯	A. R.
丙烯酸羟乙酯	A. R.	丙烯酸	A. R.
松香增黏树脂	A. R.	萜烯增黏树脂	A. R.
OP-10	A. R.	十二烷基苯磺酸钠	A. R.

四、实验步骤

1. 丙烯酸酯乳液的合成

在四口瓶中加入十二烷基硫酸钠、碳酸氢钠、OP-10 和去离子水，搅拌水浴加热至80℃。先投入 1/10 混合单体，加 1/3 过硫酸铵水溶液，80℃恒温反应至反应体系出现蓝光，表明乳液反应开始。继续恒温反应 10min 后，开始滴加剩余单体和引发剂，在 2h 内滴完。升温至 85 ℃，继续反应半小时，冷却出料。

软单体：丙烯酸丁酯（58％~66％），丙烯酸异辛酯（12％~14％）；

硬单体：甲基丙烯酸甲酯（20％~30％），苯乙烯（20％~30％）；

功能单体：丙烯酸（1.2％~1.6％）；

乳化剂：十二烷基硫酸钠（0.4g），OP-10（0.4g）；

缓冲剂：碳酸氢钠（0.4g）；

pH 调节剂：氨水（适量）；

介质：去离子水（64g）。

2. 丙烯酸酯压敏胶带的制备

将上述制备好的丙烯酸酯乳液，按照性能、施工要求调整到合适黏度，涂布于 BOPP 薄膜上，控制胶层厚度约为 $20\mu m$，在 105℃ 干燥 3min 即可得压敏胶带。

3. 性能测试

使用旋转黏度计测定合成胶乳的黏度。

所谓初粘性是指，压敏胶黏带黏性面与物体表面以微小压力发生短暂接触时，胶黏带对物体的黏附作用。测试方法采用国家标准 GB 4852—1984（斜面滚球法）。所谓持粘性是指，沿粘贴在被粘体上的压敏胶黏带长度方向悬挂一规定质量的砝码，胶黏带抵抗位移的能力。一般用试片在实验板上移动一定距离的时间或者一定时间内移动的距离表示。测试方法采用国家标准 GB 4851—1998。所谓 180°剥离强度是指，用 180°剥离方法施加应力，使压敏胶黏带对被粘材料粘接处产生特定的破裂速率所需的力。按国家标准 GB 2793—1981 进行测试。

五、实验结果和处理

产品外观：_____

固含量：_____

黏度：_____

初粘性能：_____

持粘性能：_____

六、思考题

1. 为什么要控制软单体与硬单体的比例？

2. 加入功能性单体的目的是什么？

3. 引发剂的用量对制备压敏胶的性能有什么影响？

七、参考文献

[1] 王荣，傅和青. 链转移剂和交联剂对丙烯酸酯乳液压敏胶性能的影响. 高分子材料科学与工程，2013，29（8）：121-125.

[2] 杨玉昆，吕凤亭. 压敏胶制品技术手册（第二版）. 北京：化学工业出版社，2014.

实验65　壳聚糖改性及其对重金属离子吸附性能的研究

一、实验目的

1. 学习在有机分子中氨基基团的保护方法。

2. 熟练掌握滴定法测定金属离子的方法。

二、实验原理

重金属是人类体内的微量元素，在人类生命活动和代谢过程中具有十分重要的作用，人类可以通过饮食摄取重金属营养，但是重金属污染，特别是重金属废水的污染，会威胁人类的健康，成为世界性的严重危害。

壳聚糖为甲壳素的脱乙酰化产物。由于壳聚糖其分子结构上氨基、羟基能与金属离子形成配位键而具有极强的螯合能力，被广泛用于贵金属回收、工业废水的处理。此外，壳聚糖无色无味，对人和生物没有毒害，对自然界没有污染，还能与一些菌类的物质发生自然降解，是一种典型的环境友好材料。而且其原料甲壳素广泛存在于低等动物，特别是节肢动物如昆虫、蜘蛛、甲壳类的外壳，以及低等动物如真菌、藻类、酵母的细胞壁中。作为一种能再生的能源及工业原材料，壳聚糖的产量仅次于纤维素，估计年产量可达十亿至百亿吨。

壳聚糖只能溶于稀酸，不溶于水和碱溶液及一般的有机溶剂，限制了壳聚糖作为吸附剂的广泛使用。化学改性就是在特定条件下，利用甲壳素和壳聚糖分子内羟基及氨基的高反应活性，进行多种化学反应，从而引入其他功能团，改善其在极性或有机溶剂中的溶解性，增强对重金属离子的吸附性，并获得性能独特的产物。改性后的壳聚糖在更多的条件下得到更广泛使用，尤其是在工业废水处理方面。

以壳聚糖、硫脲及氯乙酸为主要原料，合成一种带有氨基、硫脲基和羧基多官能团的重金属吸附剂——硫脲乙酸壳聚糖（LNCTS）。

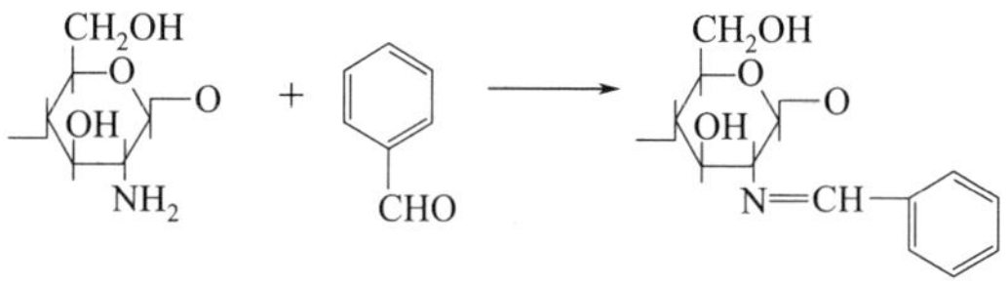

Schiff碱（Ⅰ）

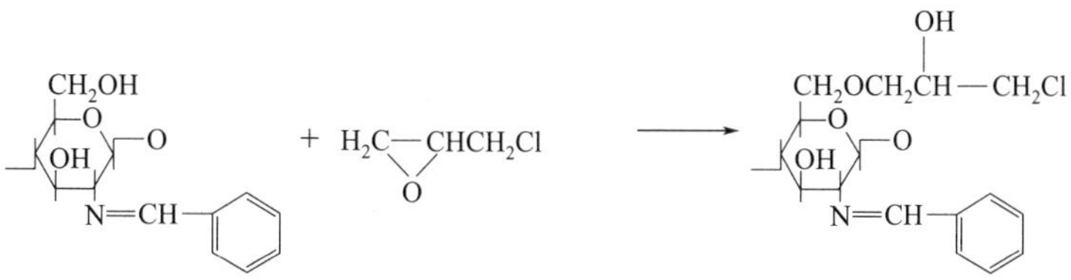

中间体（Ⅱ）

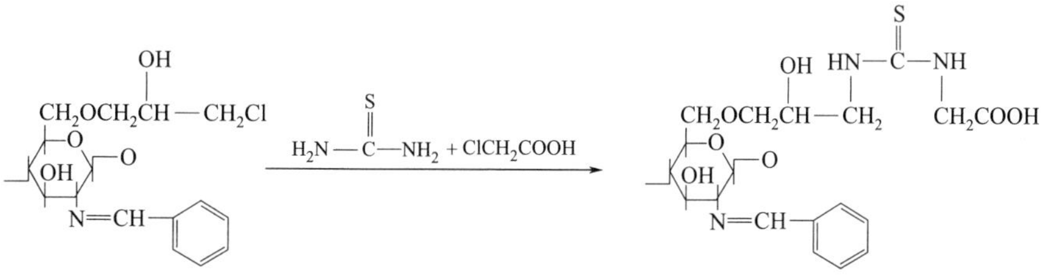

Schiff碱（Ⅲ）

硫脲乙酸壳聚糖

三、仪器和试剂

1. 仪器

滴定管	2 个	DF-101B 集热式恒温加热	
电子天平	1 台	磁力搅拌器	2 台
移液管	3 个	766-3 型远红外辐射干燥箱	1 台
烧杯	3 个	SH-Ⅲ 型循环水式多用真空泵	1 台
		pH 计	1 台

2. 试剂

壳聚糖	食用级	硫脲	A. R.
氯乙酸	A. R.	无水碳酸钠	A. R.
苯甲醛	A. R.	丙酮	A. R.
环氧氯丙烷	A. R.	无水乙醇	A. R.
甲醇	A. R.	乙醚	A. R.
冰醋酸	A. R.	乙酸钠	A. R.
盐酸	A. R.	氢氧化钠	A. R.
氯化铵	A. R.	浓氨	A. R.
硝酸镉	A. R.	乙二胺四乙酸二钠（EDTA）	
硝酸铅	A. R.		A. R.
二甲酚橙指示剂	A. R.	硝酸银	A. R.
酚酞	A. R.	邻苯二甲酸氢钾	A. R.
硫氰酸铵	A. R.	铁铵矾	A. R

四、实验步骤

1. 硫脲乙酸壳聚糖的制备

（1）保护氨基壳聚糖 Schiff 碱（Ⅰ）的制备　将 7g 粉状壳聚糖分散到 350ml 甲醇中，加入 21ml 苯甲醛，在室温搅拌 16h 过滤，用甲醇在索氏提取器萃取 4h，再用乙醚洗涤，空气干燥，得到 Schiff 碱。

（2）中间体（Ⅱ）的合成　配制（8.0ml 环氧氯丙烷＋0.16ml 高氯酸＋10ml 乙醇＋10ml 水）混合溶液，磁力搅拌均匀后加入 2.0g 壳聚糖 Schiff 碱，搅拌，90℃恒温水浴中回流反应 4h。过滤，用丙酮洗涤产物，60℃左右烘干即得中间体（Ⅱ）。

（3）硫脲乙酸接枝壳聚糖 Schiff 碱（Ⅲ）的合成　取 0.6g 中间体（Ⅱ）＋0.8g 硫脲

＋2.0g ClCH₂COOH＋1.0g 无水 Na₂CO₃ 放入三口烧瓶中，向该混合物中加入 30ml 蒸馏水，90℃恒温水浴，回流反应 1h 后加入 2.0g ClCH₂COOH，再回流反应 2h。过滤，用蒸馏水洗至中性，依次用 2%NaOH、1%盐酸、蒸馏水洗至中性，最后用乙醇、丙酮洗涤产物，60℃烘干即得中间体（Ⅲ）。

（4）硫脲乙酸接枝壳聚糖（Ⅳ）的制备 用 4% HCl 溶液于室温浸泡 48h，脱去苯甲醛，再用 0.5mol/L NaOH 浸泡 5min，即得到最终产物 LNCTS。

2. 硫脲乙酸壳聚糖吸附性能的研究

（1）吸附 称取 0.1g 硫脲乙酸壳聚糖于 250ml 锥形瓶中，加入 10ml、0.01mmol/L 金属离子溶液，静置 24h，用 EDTA 滴定法，测定其吸附后的金属离子浓度，计算饱和吸附量和去除率。

$$Q = \frac{(C_0 - C)V}{m}$$

$$去除率（\%）= \frac{C_0 - C}{C_0} \times 100\%$$

式中，Q 为饱和吸附量，mg/g；C_0 为金属离子起始浓度，mg/ml；C 为吸附后的浓度，mg/ml；V 为溶液体积，ml；m 为吸附剂的质量，g。

（2）金属离子含量的测定

① Cd^{2+}、Pb^{2+} 含量的测定 将上步反应 24h 后的溶液过滤，向溶液中加入二甲酚橙指示剂 2～3 滴，加入 pH 值为 5～6 的乙酸-乙酸钠缓冲溶液 5ml，使溶液呈现稳定的紫红色，用 0.01mol/LEDTA 标准溶液滴定至溶液变为亮黄色即为终点。平行测定三次，根据所用 EDTA 的体积及其浓度计算出金属离子的含量。

② Ag^+ 含量的测定 将上步反应 24h 后的溶液过滤，向溶液中加入铁铵矾指示剂 2～3 滴，加入 pH 值为 5～6 的乙酸-乙酸钠缓冲溶液 5ml，用 0.01mol/L 硫氰酸铵标准溶液滴定至溶液变为微红色即为终点。平行测定三次，根据所用硫氰酸铵的体积及其浓度计算出金属离子的含量。

五、实验结果和处理

1. 计算吸附剂的饱和吸附量和去除率。
2. 计算不同金属离子的含量。

六、思考题

1. 在测定 Cd^{2+}、Pb^{2+} 含量的过程中，加入乙酸-乙酸钠缓冲溶液的作用是什么？
2. 不同吸附剂对同一金属离子的吸附性能有什么规律？原因是什么？

七、参考文献

[1] 孙胜玲，王丽，吴瑾. 壳聚糖及其衍生物对金属离子吸附研究 [J]. 高分子通报，2005，32（6）：58-69.

[2] Jagadish R S，Divyashree K N，PremaViswanath，et al. Preparation of N-Vanillyl chitosan and 4-hydroxybenzyl chitosan and their physio-mechanical，opical，barrier，andantimicrobial properties [J]. Carbohydrate Polymers，2012，87：110-116.

[3]　Xiaoshuai Liu, Zihong Cheng, Wei Ma. Removal of copper by modified chitosan adsorptive membrane [J]. Front Chem Eng China, 2009, 3 (1): 102-106.

实验66　温敏性水凝胶的制备

一、实验目的

1. 了解温敏性水凝胶成胶原理。
2. 掌握壳聚糖温敏性水凝胶制备的工艺流程。

二、实验原理

温敏性凝胶（Thermosensitive gel，TG）是一种环境敏感型的智能凝胶，低温时呈溶液，温度升高可以转变成半固体凝胶。其具备溶液和凝胶的优点，目前已成为皮肤给药、眼部给药、鼻腔给药、局部注射给药和腔道植入领域的热点。温度敏感性在原位体凝胶给药系统中已成为生物材料领域和药剂学研究的关注热点，它的特点是以溶液形式给药，在药用的部位会因为温度变化（体温）刺激而发生溶胶-凝胶转变，形成凝胶或固化，从而达到药物控制缓释的目的。既可以作为组织修复植入给药，是组织缺损的填充材料，又是药物释放体，使载入的药物只在病变组织部位释放，不但能有效利用药物获得最优治疗，并且不会在其他正常部位产生不良影响，甚至副作用。

2000 年 Chenite 等首次报道了壳聚糖-甘油磷酸钠温敏性凝胶系统的温敏性能，作为可注射材料可用于软骨组织工程，该体系中壳聚糖和甘油磷酸钠都是无毒可降解的生物相容性物质，因此壳聚糖-甘油磷酸钠体系有良好的应用与开发前景。此体系一经提出，就受到高度的关注，首先是因为该系统由天然高分子材料壳聚糖构成，具有较好的生物相容性与生物可降解性，并逐渐得到研究者的认可；其次，该系统可在中性条件下保持溶液状态，为该系统加载蛋白质类药物甚至活细胞提供了便利的条件；最后，该系统升高到体温时发生固化形成凝胶，从而能缓释加载药物，达到药物缓释治疗的效果。壳聚糖的脱乙酰度、分子量、浓度及甘油磷酸钠的浓度对温敏性凝胶理化性能有一定的影响。

壳聚糖（Chitosan，CS）分子含有 β-(1,4)-2-乙酰氨基-D-葡糖单元和 β-(1,4)-2-氨基-D-葡糖单元，是具有不平行的螺旋结构的线形多糖。通常乙酰氨基和糖苷键比较稳定，CS 只溶于稀酸溶液，当 pH 值接近中性（pH＝6.2）时会出现沉淀。37℃中性条件下，CS/GP 温敏性凝胶体系的形成主要与亲水-疏水平衡机制有关。CS 作为一种碱性多糖，不溶于水，但酸性条件下 CS 的游离氨基能结合氢离子而溶解。甘油磷酸钠（Glycerophosphate，GP）是一种温和弱碱，在 CS 的酸溶液中加入适量的 GP，它的磷酸根与 CS 的氨基形成静电吸引，pH 值升至生理范围而不发生沉淀。在低温时，CS 疏水作用很强，阻止了 CS 链的聚集。随着温度的升高，CS 通过氨基正离子与 GP 形成的静电吸引被破坏，CS 链脱水，水分子的区域被甘油分子取代，随之 CS 分子链间形成大量氢键而聚集发生凝胶化。发生相变的原理主要与凝胶体系存在的作用力有关：CS 的氨基与 GP 的磷酸根之间的静电吸引；CS 链间氢键作用、疏水作用。影响 CS/GP 温敏凝胶初始凝胶化温度（IGT）的因素主要是 CS 的脱乙酰度、浓度及 GP 的含量。用于体内实验时，温敏性凝胶的相转变主要受体温激发。

三、仪器和试剂

1. 仪器

501 型超级恒温器	1 套	L10Y/01 型电子天平	1 套
JB-1 磁力搅拌器	1 套	GSY 型电子恒温水浴锅	1 套
烧杯 100ml	1 只	恒温透视水槽	1 套

2. 试剂

壳聚糖	C. P.	甘油磷酸钠	C. P.
冰乙酸	C. P.	浓盐酸	C. P.
氢氧化钠	C. P.		

四、实验步骤

① 用 0.1mol/L 的醋酸溶液作为溶解酸，将壳聚糖溶于 5ml 醋酸溶液中，用磁力搅拌器充分搅拌 2h 后，得到澄清的溶液。

② 将不同质量的甘油磷酸钠溶于 2ml 蒸馏水中，滴加至澄清的壳聚糖溶液中，边滴加边搅拌，再加入 3ml 蒸馏水，使其充分溶解。

③ 把溶解好的溶液移入试管中，将试管垂直置于 37℃ 恒温水浴，恒温一定时间，试管倒置时凝胶无流动，视为成胶，记录成胶时间。平行测定三组样品，取平均值。

五、实验结果和处理

产品外观：＿＿＿＿＿＿＿＿＿＿＿＿＿＿＿

温敏性凝胶成胶时间：＿＿＿＿＿＿＿＿＿＿＿＿＿＿＿

六、思考题

1. 目前可制备温敏性凝胶的材料有哪些？各有何特点？

2. 壳聚糖温敏性凝胶成胶机理是什么？

七、参考文献

[1] Joo M K，Park M H，Choi B G，et al. Reverse thermogelling biodegradable polymer aqueous solution [J]. J Mater Chem，2009，19（33）：5891-5905.

[2] Schuetz Y B，Gurny R，Jordan O. A novel thermoresponsive hydrogel based on chitosan [J]. European Journal of Pharmaceutics and Biopharmaceutics，2008，68（1）：19-25.

[3] Li Xiaoyan，Chen xiaoming，Peng Zhiming. Preparation and characterization of hollow hydroxyapatite submicrospheres/chitosan injectable hydrogels [J]. Journal of Functional Materials，2011，42（1）：206-209.

[4] 赵维，李建科，吴晓霞. 蛹渣甲壳素的提取和壳聚糖的制备研究. 食品工业科技，2010，42（6）：248-251.

实验 67　二氧化碳基脂肪族聚碳酸酯材料的制备

一、实验目的

1. 掌握高分子交联反应中的一些基本操作技术。
2. 了解天然高分子交联改性反应的特点以及产品的性质。

二、实验原理

二氧化碳催化共聚合成高分子材料是其应用开发的一个重要方面，二氧化碳作为起始原料，与不饱和烃类、胺类化合物、二元醇、环氧化合物等发生二元或多元共聚反应，合成交联、接枝、嵌段等共聚体。其中，研究最为广泛的是二氧化碳和环氧化合物聚合生成聚碳酸酯，该反应二氧化碳的利用率高，可以代替传统的光气法，而且生成的脂肪族聚碳酸酯具有良好的热性能和生物降解性能，能够代替部分传统的塑料使用，有利于减少当前环境所面临的"白色污染"。

戊二酸锌催化剂催化 CO_2 与环氧丙烷（PO）的聚合机理属于配位阴离子聚合，该反应为增长活性中心是配位阴离子的连锁聚合反应。通过配位阴离子聚合形成立构规整的聚合物，故又称为定向聚合。其反应机理如图 3-11 所示。

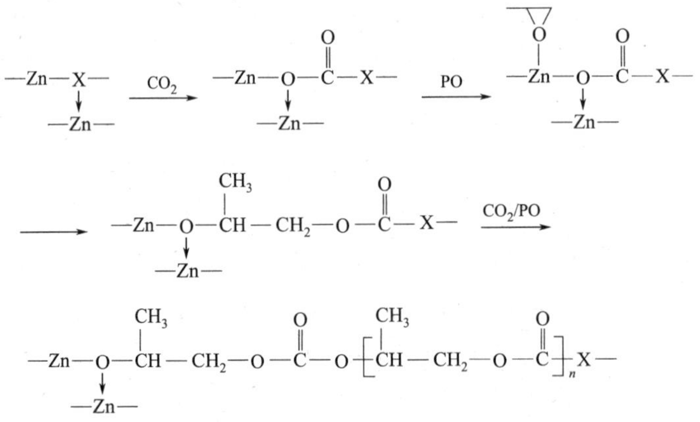

图 3-11　戊二酸锌催化二氧化碳和环氧丙烷共聚反应的机理

催化剂中存在 Zn—O 活性结构，且 Zn—O 中的 O 与另外的 Zn—O 中的 Zn 配位，分子内或分子间 Zn—O 配位键的作用是极化毗邻的 Zn—O 键，以便于单体插入到 Zn—O 键中。共聚机理是，聚合通过单体连续不断地插入催化剂的 Zn—O 键：二氧化碳首先配位到该活性中心，插入 Zn—O 键形成大碳酸酯阴离子。随后，大碳酸酯阴离子进攻 PO 导致开环并插入进去，二氧化碳和 PO 交替重复插入聚碳酸酯链段，如果是 PO 的重复插入，则生成聚醚链段。另外，Zn—O 配位键重复结构的另一个作用是，防止环氧丙烷回咬现象的发生，以免生成环状碳酸亚丙酯。

三、仪器和试剂

1. 仪器

反应釜	1套	真空泵	1台
电动机械搅拌器	1台	数显控温磁力搅拌器	1台
循环水式真空泵	1台		

2. 试剂

氧化锌	A. R.	对甲苯磺酸	A. R.
均苯四甲酸酐	A. R.	环氧丙烷	A. R.
二氧化碳	A. R.	丙酮	A. R.
氯仿	A. R.	无水乙醇	A. R.
甲苯	A. R.		

四、实验步骤

1. 催化剂的制备

将150ml甲苯和98mmol戊二酸加入250ml的圆底烧瓶，然后加入100mmol氧化锌（粉末状）、9.8mmol对甲苯磺酸PTSA和9.8mmol均苯四甲酸酐PMDA，在55℃机械搅拌7h，冷却至室温，将混合物过滤并用80ml丙酮洗涤多次，直至洗涤液呈中性为止，再将洗涤后的混合物放入80℃真空烘箱过夜、研磨，得到白色粉末状的催化剂。

2. CO_2 与 PO 的共聚反应

称取1g催化剂加入0.5L反应釜中（反应釜已提前干燥），用CO_2气体置换釜内空气、抽真空，80℃干燥1.5h，再通入100ml环氧丙烷，调节CO_2压力4.0MPa，待升温至60℃，继续通入CO_2压力至5MPa，机械搅拌（约70r/min）。反应结束后，冷却至室温，释放CO_2，取出釜内黏稠的化合物，将此混合物溶解在氯仿中。然后将所得共聚物的氯仿溶液浓缩至一定浓度后，用乙醇来沉淀，所得的白色产物为PPC共聚物。

3. 聚合物特性黏度的测定

将实验获得的纯净聚合物取0.0025g溶于25ml苯，待其完全溶解，过滤，在恒定条件下于35℃通过乌氏黏度计测量溶液的流出时间t和纯溶剂的流出时间t_0。然后根据公式(3-7)计算出溶液的相对黏度η_r和参比黏度η_{sp}，再由所得到的相对黏度和参比黏度通过公式(3-8)计算出溶液的特征黏度（$[\eta]$）。再通过（3-9）计算出聚合物的黏均分子量（M_v）。

$$\eta_r = t/t_0 \qquad \eta_{sp} = \eta_r - 1 \qquad (3-7)$$

$$[\eta] = \frac{\sqrt{2(\eta_{sp} - \ln\eta_r)}}{c} \qquad (3-8)$$

$$[\eta] = KM_v^{\alpha} \qquad (3-9)$$

式中，t为聚合物溶液通过乌氏黏度计的时间，s；t_0为纯溶剂苯通过乌氏黏度计的时间，s；c为聚合物的浓度，g/ml；$K = 1.1 \times 10^{-4} dL/g$，$\alpha = 0.8$。

五、实验结果和处理

1. 催化剂合成结果记录（表 3-5）

表 3-5　催化剂合成结果

内　容	结　果
称量氧化锌的质量/g	
称量甲苯磺酸的质量/g	
称量均苯四甲酸酐的质量/g	
催化剂的理论产量/g	
催化剂的实际产量/g	
产率/%	

2. 聚合反应实验数据（表 3-6）

表 3-6　聚合反应实验数据

内　容	结　果
称量催化剂的质量/g	
聚合物的理论产量/g	
聚合物的实际产量/g	
产率/%	
聚合物特性黏度	

六、思考题

1. 影响阴离子配位聚合反应成功的关键因素是什么？

2. 为什么阴离子配位聚合产物的分子量分布都很窄？影响产物分子量分布变窄的因素有哪些？

3. 哪些因素对催化剂活性有影响？

七、参考文献

［1］ Beckman E J. Perspectives：Polymer synthesis，making polymers from carbon dioxide ［J］. Science，1999，283：946-947.

［2］ Darensbourg D J. Making plastics from carbon dioxide：salen metal complexes as catalysts for the production of polycarbonates from epoxide and CO$_2$ ［J］. Chem. Rev.，2007，107：2388-2410.

［3］ Cheng M，Lobkovsky E B，Coates G W. Catalytic reactions involving C$_1$ feedstocks：newhigh-activityZn（Ⅱ）-basedcatalystsforthealternatingcopolymerization of carbon dioxide and epoxides ［J］. J. Am. Chem. Soc.，1998，120：11018-11019.

实验68　实验PPC-PLA-淀粉共混物制备的实验设计

一、实验目的

1. 掌握溶液共混法制备复合材料的方法。

2. 了解天然高分子交联改性反应的特点以及产品的性质。

二、实验原理

聚合物共混改性是将性质不同的聚合物材料通过人为的方法，经混合、分散操作，使材料在力学、热学、流变学及其它方面的性能得以改变，从而制得与原组分性能不同的高分子共混物。共混物不但使各组分性能互补，还可根据实际需要对其进行设计，得到性能优异的新材料，是实现高分子材料高性能化、精细化、功能化和发展新品种的重要途径，为高分子材料科学的发展提供了新的研究方向，近年来越来越受到各国研究者的青睐。通过共混改性，可在现有聚合物材料的基础上制得种类繁多、性能优异、能够适应多层次需求的新型材料，这对于拓展聚合物材料应用新领域、满足生产需要，具有十分重要的意义。

聚乳酸（PLA）是一种全生物可降解的聚合物材料，在包装和生物医用领域具有重要意义。它机械强度高，但韧性差，脆而易断；熔体强度低，不能直接吹膜；容易热分解，加工窗口窄，因此必须进行改性。同时，成本较高也限制了其在民用包装领域大规模取代石油基树脂材料的应用。聚碳酸亚丙酯（PPC）是以二氧化碳（CO_2）与环氧丙烷（PO）为原料合成的一种完全生物降解的热塑性脂肪族聚碳酸酯。PPC 在肉制品（$-80℃$）保鲜膜、可降解泡沫材料、板材、一次性餐具、一次性医用、食品包装材料等具有广泛的应用。同样，PPC 可来源于生物基质，且同等生产规模下成本比 PLA 更低。PPC 强度差，玻璃化转变温度低至 $30\sim40℃$，但韧性好，断裂伸长率高，且具有热封性。将其与 PLA 共混能形成性能互补。

将 PPC 加入到 PLA-淀粉的共混体系，不仅可以改变其共混体系的相容性，还可以提高 PLA 的生物降解速度。因此，利用 PPC 的柔韧性对 PLA 进行增韧，有望获得力学性能改善且相容性更好的全生物分解聚酯-淀粉共混体系。

本实验在用水-甘油对淀粉进行糊化处理后，将其与 PLA、PPC 进行三元溶液共混，并加入增塑剂，共混物通过溶液浇注成膜。通过表征共混膜的力学性能和热性质，设计试验研究三元共混组成、增塑剂种类及用量对 PLA 增韧增塑改性的影响。

三、仪器和试剂

1. 仪器

真空烘箱	1 台	电子天平	1 台
万能拉力机	1 台	电动搅拌器	1 台
电子拉力测试机	1 台	箱式电阻炉	1 台
游标卡尺	1 把		

2. 试剂

PPC 粉料	工业级	PLA 粒料	A. R.
玉米淀粉	食品级	无水乙醇	A. R.
丙三醇	A. R.	聚乙二醇-400	A. R.
聚乙二醇-200	A. R.	三氯甲烷	A. R.

四、实验步骤

（1）淀粉的改性：10g 淀粉与 3g 丙三醇加水，在 80℃下糊化 0.5h 后，在 95℃下干燥后粉碎，待用。

（2）PPC 提纯：将 PPC 在氯仿中溶解，加入无水乙醇分离絮状沉淀，将沉淀真空干燥至恒重。

（3）PLA 提纯：将 PLA 在氯仿中溶解，加入无水乙醇分离絮状沉淀，将沉淀真空干燥至恒重。

（4）共混膜液的制备：分别称取 6gPLA，1gPPC，3g 改性淀粉，加入三氯甲烷，回流温度下搅拌 1h，使之完全溶解。

（5）成膜：将成膜液在聚氯乙烯基板上流延成膜，静置空气中，待其干燥后揭膜。

（6）拉伸性能测试：采用拉伸力学试验研究共混物薄膜的拉伸性能，包括拉伸强度与断裂伸长率。拉伸速度 20mm/min。

（7）热性质测试：将一系列等量共混膜的平行样置于质量已知的坩埚中，在箱式电阻炉中匀速升温。升温速度为 25℃/min。每升高 20℃取出 1 个坩埚称重，直至样品完全分解。计算样品在不同时间（温度）的质量残留率，绘制热失重曲线（质量残留率温度曲线）。

五、实验结果和处理

合成结果记录于表 3-7 中。

表 3-7　合成结果

内　　容	结　　果
称量玉米淀粉的质量/g	
称量甘油的质量/g	
称量 PPC 的质量/g	
称量 PLA 的质量/g	
共混物薄膜的拉伸强度	
共混物薄膜的断裂伸长率	

六、思考题

1. 共混物薄膜中添加的糊化淀粉有什么作用。
2. 绘制共混膜的热失重曲线。

七、参考文献

[1]　工淑芳，陶建等. 脂肪族聚碳酸（PPC）与聚乳酸（PLA）共混型生物降解材料的热学性能、力学性能和生物降解性研究 [J]. 离子交换与吸附. 2007，23（1）：1-9.

[2]　吴学森，王伟. 甘油对聚乳酸/淀粉复合材料机械性能的影响 [J]. 化工时代. 2009，23（1）：1-4.

实验69　环氧氯丙烷交联淀粉的制备

一、实验目的

1. 掌握高分子交联反应中的一些基本操作技术。
2. 了解天然高分子交联改性反应的特点以及产品的性质。

二、实验原理

交联淀粉的概念是，淀粉的醇羟基与交联剂的多元官能团形成的二醚键或二酯键，使两个或两个以上的淀粉分子之间"架桥"在一起，呈多维网络结构的反应，成为交联反应。

交联淀粉是一种新的合成物质，属于变性淀粉中的一种。以淀粉为原料，以氢氧化钠为催化剂，在交联剂的作用下，对淀粉进行交联。交联淀粉的生产工艺主要取决于交联剂，大多数反应在悬浮液中进行，反应控制温度 $30\sim35℃$，介质为碱性。在碱性介质下，以环氧氯丙烷为交联剂制备交联淀粉的反应式如图 3-12 所示。

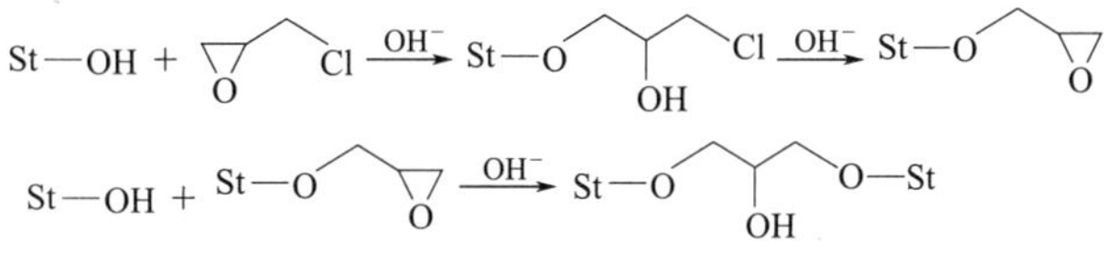

图 3-12　以环氧氯丙烷为交联剂制备交联淀粉（St 代表淀粉）

国内最常用的交联剂有：环氧氯丙烷、甲醛、三氯氧磷、三偏磷酸钠、己二酸、六偏磷酸盐。

交联作用是指在分子之间架桥形成的化学键，加强了分子之间氢键的作用。当交联淀粉在水中加热时，可以使氢键变弱甚至破坏，然而由于化学架桥的存在，淀粉的颗粒将不同程度地保持不变。

交联淀粉主要性能体现在其只有耐酸碱性、耐机械加工，耐剪切性增强，冷冻稳定性和冻融稳定性好，并且具有糊化温度高、膨胀性小、黏度大和耐高温等性质。随交联程度增加，淀粉分子间交联化学键数量增加。当约 100 个 AGU（脱水葡萄糖单元）有一个交联键时，则交联完全抑制颗粒在沸水中膨胀，不糊化。交联淀粉的许多性能优于淀粉。交联淀粉提高了糊化温度和黏度，比淀粉糊稳定程度有很大提高。淀粉糊黏度受剪切力影响降低很多，而经低度交联便能提高稳定性。交联淀粉的抗酸、碱的稳定性也大大优于淀粉。近几年研究很多的水不溶性淀粉基吸附剂通常是用环氧氯丙烷交联淀粉为原料来制备的。

本实验以环氧氯丙烷为交联剂，在碱性介质下制备交联玉米淀粉，通过沉降法测定交联淀粉的交联度。

三、仪器和试剂

1. 仪器

三口瓶	1个	球形冷凝管	1支
电子天平	1台	温度计	1支
移液管	1支	烧杯	2个
精密电动搅拌器	1台	PHS225型pH计	1台
循环水式真空泵	1台	磁力加热搅拌器	1台
离心机	1台	超级恒温水浴	1台

2. 试剂

玉米淀粉	食品级	无水乙醇	C. P.
氯化钠	C. P.	氢氧化钠	A. R.
环氧氯丙烷	C. P.	盐酸	A. R.

四、实验步骤

1. 混合

25g玉米淀粉加水，配制成40%的淀粉乳液。

2. 搅拌

把配置好的淀粉乳液放入三口烧瓶中，加入3gNaCl，开始用机械搅拌器以60r/min的速度搅拌，混合均匀后，用1mol/L NaOH调节pH至10.0。

3. 反应

加入10ml环氧氯丙烷，于30℃下反应3h，即得交联淀粉。

4. 中和

用2%盐酸调节pH6.0～6.8，得中性溶液。

5. 过滤干燥

过滤，滤饼分别用水、乙醇洗涤，60℃干燥至恒重。

6. 交联度的测定（以沉降体积表示）

准确称取0.5g绝干样品于100ml烧杯中，用移液管加25ml蒸馏水制成2%浓度的淀粉溶液。将烧杯置于82～85℃水浴中，稍加搅拌，保温2min，取出冷却至室温。用2支刻度离心管分别倒入10ml糊液，对称装入离心沉降机内，开动沉降机，缓慢加速至4000r/min。用秒表计时，运转2min，停转。取出离心管，将上清液倒入另1支同样体积的离心管中，读出的体积（ml）即为沉降积。对同一样品进行两次平行测定。

五、实验结果和处理

1. 合成结果记录（见表3-8）

表3-8 合成结果

内　　容	结　　果
称量玉米淀粉的质量/g	

内　　容	结　　果
环氧氯丙烷交联淀粉的理论产量/g	
环氧氯丙烷交联淀粉的实际产量/g	
百分产率/%	

2. 交联度的测定（见表 3-9）

表 3-9　交联度的测定

内　　容	结　　果
干燥的样品质量/g	
沉降积/ml	

3. 淀粉颗粒的膨胀度

淀粉颗粒在热水中膨胀，并有少部分溶解于水中，交联能抑制膨胀度，降低热水溶解度。随交联度增加，这种影响变大。膨胀度和溶解度的测定方法如下。

将淀粉悬浮在水中，85℃搅拌加热 30min，在 2000r/min 转速下离心 15min，糊下沉部分为膨胀淀粉。将上部清夜分离、干燥，即得水溶淀粉的量。计算出溶解度，由膨胀淀粉的质量计算膨胀度。

$$溶解度＝水溶淀粉质量÷淀粉样品质量（干）×100\%$$

$$膨胀度＝膨胀淀粉质量÷[淀粉样品质量（干）×（100－溶解度）]×100\%$$

六、思考题

1. 反应混合液中所添加的氯化钠起什么作用？
2. 思考交联淀粉其他可能的表征方法。

七、参考文献

[1] 刘亚伟. 淀粉生产及其深加工技术 [M]. 北京：中国轻工业出版社，2001.

[2] Matler A M. Technological properties of highly cross-linked waxymaize starch in aqueous suspensions of skim milk components [J]. Carbohydr. Poly.，1997（3）：132-147 .

[3] 程建军. 淀粉工艺学 [M]. 北京：科学出版社，2011.

实验70　复凝聚法制备天然高分子药物微胶囊

一、实验目的

1. 掌握制备微型胶囊的复凝聚工艺。
2. 了解药物微胶囊的性质。

二、实验原理

微型胶囊（简称微囊）系利用天然或合成的高分子材料（通称囊材）作为囊膜壁壳，

将固体或液体药物（通称囊心物）包裹而成药库型微型胶囊，简称微囊。药物制成微囊后，具有缓释作用，可提高药物的稳定性，掩盖不良口味，降低胃肠道的副反应，减少复方的配伍禁忌，改善药物的流动性与可压性，将液态药物制成固体制剂。

微囊的制备方法很多，可归纳为物理化学法、化学法以及物理机械法。在制备过程中，可按囊心物、囊材的物理化学性质与性能要求选用不同的实验设备与操作方法，制备不同尺寸的微囊。在实验室内常采用物理化学法中的凝聚工艺制成微囊。

本实验采用水作介质的复凝聚工艺，操作简易、重现性好，为难溶性药物微囊化的经典方法。以液体石蜡（或鱼肝油）为液态囊心物或以吲哚美辛为固态囊心物，用明胶-阿拉伯胶为囊材，采用复凝聚工艺制备液体石蜡（或鱼肝油）微囊与吲哚美辛微囊。

明胶-阿拉伯胶复凝聚成囊工艺的机理，可由静电作用来解释。明胶系蛋白质，在水溶液中分子链上含有—NH_2 与—COOH 以及其相应解离基团—NH_3^+ 与—COO^-。其含正、负离子的多少，受介质的 pH 值影响，当 pH 值低于等电点时，—NH_3^+ 数目多于—COO^-，反之，pH 值高于等电点时，—COO^- 数目多于—NH_3^+。明胶在 pH4～4.5 时，其正电荷达最高量。阿拉伯胶为多聚糖，分子链上含有—COOH 和—COO^-，具有负电荷。因此，在明胶与阿拉伯胶混合的水溶液中，调节 pH 值在明胶的等电点以下，即可使明胶与阿拉伯胶因电荷相反而中和形成复合物（即复合囊材），溶解度降低，在搅拌条件下，自体系中凝聚成囊而析出。但是这种凝聚是可逆的，一旦解除形成凝聚的这些条件，就可解凝聚，使形成的囊消失。这种可逆性，在实验过程中可来使凝聚过程多次反复直到满意为止。最后应加入固化剂甲醛与明胶进行胺缩醛反应，且介质在 pH＝8～9 时可使反应完全，明胶分子交联成网状结构，微囊能较长久地保持囊形，不粘连、不凝固，成为不可逆的微囊。若囊心物不宜用碱性介质时，可用 25％戊二醛或丙酮醛在中性介质中使明胶交联完全。

三、仪器和试剂

1. 仪器

四口瓶	1 个	搅拌器	1 套
加热套	1 只	量筒	3 只

2. 试剂

液体石蜡	A. R.	明胶	A. R.
阿拉伯胶	A. R.	醋酸	A. R.
甲醛	A. R.	蒸馏水	

四、实验步骤

1. 明胶溶液的制备

称取 3g 明胶，用纯化水适量浸泡待膨胀后，加蒸馏水至 60ml，搅拌溶解（必要时可微热助其溶解），即得。

2. 液体石蜡乳的制备

称取 3g 阿拉伯胶与 3g 液体石蜡，于干研钵中混匀，加入蒸馏水 6ml，迅速朝同一方向研磨至初乳形成，再加蒸馏水 54ml，混匀，加上述明胶溶液 60ml，混匀，即得。

3. 微囊的制备

将液体石蜡乳置于 500ml 烧杯中，在约 50℃恒温水浴上搅拌，滴加 5％醋酸溶液，于显微镜下观察至微囊形成，pH 约为 4，加入约 30℃蒸馏水 240ml 稀释，取出烧杯，不停搅拌至 10℃以下，加甲醛溶液，搅拌 15min，用 20％氢氧化钠溶液调节 pH 至 8～9，继续搅拌约 1h，静置至微囊沉降完全，倾去上清液，显微镜下观察。

五、实验结果与处理

产品外观：_____

产率：_____

粒径：_____

六、思考题

1. 绘制复凝聚或单凝聚工艺制成的微囊形态图。
2. 讨论制备过程的现象与问题。

七、参考文献

[1] 王飞俊，陆方姝，邵自强. 静电喷雾法制备羧甲基纤维素/壳聚糖液芯微胶囊. 高分子材料科学与工程，2014，30（9）：117-121.

[2] 林书乐，王坤，程江，杨卓如. 微胶囊技术新进展. 高分子材料科学与工程，2012，28（5）：179-182.

实验71 高分子量聚乳酸的制备

一、实验目的

1. 掌握通过乳酸缩聚再高温裂解来制备丙交酯单体的方法。
2. 掌握无水无氧本体聚合反应的基本操作过程。
3. 了解和掌握丙交酯开环聚合制备高分子量聚乳酸的方法。

二、实验原理

聚乳酸 ［PLA，Polylactide，Poly（lactic acid）］是一类脂肪族聚酯，具有良好的生物可降解性能和生物相容性，是生物可降解医用材料领域最受重视的材料之一，也是最早经 FDA 批准用于临床的生物可降解医用高分子材料之一。聚乳酸类材料受到了深入广泛的研究和开发，已用作骨折内固定器件、手术缝合线和药物传递体系基材等材料。

合成聚乳酸有两种途径：乳酸的直接缩聚和丙交酯的开环聚合。乳酸的直接缩聚是制备聚乳酸的简单方法，但是一般只能得到低聚物（数均分子量小于 5000，多分散度指数约 2.0），不能满足生物医用材料力学性能等方面的要求。高分子量（大于 10^4）聚乳酸主要通过丙交酯的开环聚合制得。丙交酯（Lactide）是乳酸的环状二聚体，其典型的合成方法如下所示：

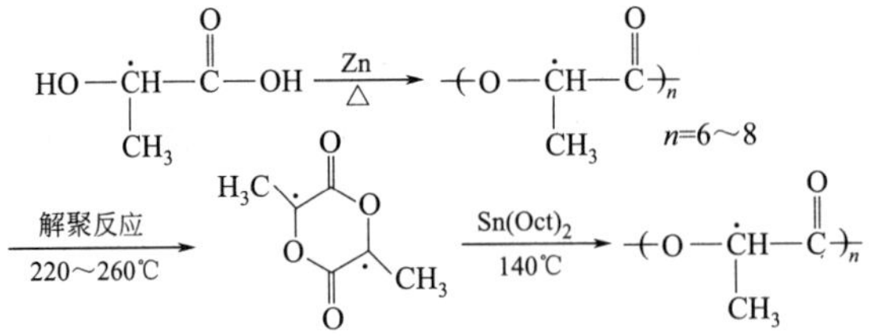

乳酸分子含有一个手性碳原子，有两个光学异构体（D-乳酸和L-乳酸）；其二聚体丙交酯中含有两个手性碳原子，通过丙交酯开环聚合得到的聚乳酸也存在D型、L型和DL型三种。本实验采用的原料是外消旋乳酸，根据统计热力学原理，制得的丙交酯有两种：内消旋丙交酯和外消旋丙交酯。其中，内消旋丙交酯熔点较低，极易吸潮并水解为乳酸，很难纯化，因而不具实际应用价值；我们所需要得到的是外消旋丙交酯，在异辛酸亚锡引发下开环聚合得到高分子的聚乳酸。

三、仪器和试剂

1. 仪器

电磁搅拌器	1台	水泵	1台
油泵	1台	煤气灯	1个
微量进样器	1个	磨口温度计	1根
100ml 圆底烧瓶	1个	100ml 三颈瓶	1个
50ml 量筒	1个	25ml 锥形瓶	1个
抽滤瓶	1个	布氏漏斗	1个
直形冷凝管	1个	球形冷凝管	1个
空气冷凝管	1个	空心塞	3个
真空尾接管	1个	常压尾接管	1个

蒸馏头，干燥管，弯管塞，三通活塞，聚合管，乳胶头，反口胶塞，硬质橡皮管若干。

2. 试剂

D，L-乳酸	A. R.	锌粉	A. R.
异辛酸亚锡	A. R.	乙酸乙酯	A. R.
无水乙醇	A. R.	二氯甲烷	A. R. .
甲醇	A. R.	甲苯	A. R. .
氩气	A. R.		

四、实验步骤

1. 乳酸的脱水和缩聚

装配减压蒸馏装置：在100ml 圆底烧瓶中放入搅拌磁子，用量筒量取30ml 乳酸倒入圆底烧瓶中，准确称取0.18g 锌粉加入瓶中；接通水泵减压装置并搅拌，升温至85～

90℃，反应 5h，体系黏度增大，颜色浅棕黄色。然后，将加热温度升至 115～120℃，继续反应 5h，进一步除去缩聚反应生成的水。

2. 除去未反应的乳酸

第一步反应结束后，将加热温度升至 140～150℃，继续在水泵减压下反应 5h。

3. 快速减压蒸馏得到丙交酯的初产物

将减压蒸馏装置的直形冷凝管换成球形冷凝管，尾接管换成常压尾接管，将尾接管接到三颈瓶（通气口套上胶头）上，同时接冷凝管并用空心塞密封，冷凝管的上方用弯管塞与减压装置相连；将加热温度迅速升至 220℃，乳酸的低聚物开始解聚，收集蒸馏出的粗产物，粗产物为浅黄色固体，反应中后期温度逐步升至 260℃，反应时间共约 5h。

4. 丙交酯初产物的精制

① 将产物抽滤，除掉丙交酯初产物中少量的乳酸和水。

② 用少量乙醇洗涤，抽滤，得到白色固体。

③ 白色固体用乙酸乙酯重结晶，抽滤，干燥后，称重，计算收率，测熔点（125～127℃）。

5. 丙交酯的开环聚合

① 引发剂溶液的配制：取精制无水甲苯 10ml 左右于 25ml 锥形瓶中，塞好瓶口，称重（准确至 0.001g），取异辛酸亚锡 0.5～0.6g 加入甲苯中溶解，称重，用反口塞密封瓶子，计算引发剂溶液的浓度（mol/L）。

② 准确称取 1.000g D,L-丙交酯，和小磁子一起放入聚合管；用微量进样器抽取引发剂溶液（引发剂与丙交酯摩尔比为 1：1000），迅速加入聚合管中；抽真空除去溶剂，充氩气（氩气要经过干燥管干燥），再抽真空，如此反复三次，再抽真空 30min，用酒精喷灯（或煤气灯）封闭聚合管。搅拌加热并使温度稳定在 140℃，放入聚合管，反应 24h。

③ 取出聚合管，冷却至室温，用锉刀锉开聚合管，加入少量二氯甲烷溶解反应混合物，溶液浓缩至约 2ml，逐滴加到 40ml 甲醇中，产生沉淀，如此反复 2～3 次；将沉淀取出，先用水泵在 50℃抽 2～4h 以除去溶剂，再用油泵抽至样品恒重，得到白色固体即为聚乳酸。

④ 称重，计算收率。产品分子量用 GPC 测定，结构经 NMR 确认。

五、实验结果和处理

产品外观：_____

产量：_____

产率：_____

六、思考题

1. 外消旋丙交酯的理论产率是多少？为什么？有哪些办法可以提高外消旋丙交酯的收率？

2. 结合你的体会，回答为什么步骤 3 中要用胶头套上通气口？

3. 为什么实验步骤 3 中要求升温要迅速？

4. 实验步骤 3 中采用球形冷凝管的作用是什么？

5. 实验步骤 4 中为什么要用乙醇洗涤粗产物？

七、参考文献

[1] 吴东森，李坤茂，刘鹏波. 聚乳酸扩链及其超临界二氧化碳微孔发泡，2015，31（4）：137-141.

[2] 刘德宝，孙丽丽，唐怀超，陈民芳. 镁/聚乳酸复合材料的制备与表征，2012，28（2）：137-139，143.

[3] 张留进，陈广义，魏志勇，宋平，袁瑞登，梁继才，张万喜. 不同增容剂对 POE 增韧聚乳酸性能的影响，2012，28（6）：57-60.

实验 72　低分子量聚丙烯酸钠减水剂的合成实验

一、实验目的

1. 熟悉低分子量聚丙烯酸钠减水剂合成的基本原理、过程。

2. 了解所制备低分子量聚丙烯酸钠的性能及制备方法。

二、实验原理

聚丙烯酸钠（PAANa）用途广泛，但它的用途与其分子量大小有很大关系，其中相对分子质量在 500～5000 的低分子量 PAANa 主要起分散剂、水处理剂作用，特别是相对分子质量在 2000～3000 的 PAANa，在造纸工业能降低高浓涂料的黏度，使之具有良好的流变性，也用于抄造工艺，使浆流均匀，成纸均匀度好，应用于造纸工业能提高颜料的细度和分散体系的稳定性，能提高纸张的柔软性、强度、光泽、白度和保水性等，且具有可溶于水、不易燃、无毒、无腐蚀性特点，是造纸工业很有发展前途的一种分散剂。还可单独或与磷酸盐复配使用，对高岭土、碳酸钙、硫酸钡及其混合体系均有良好的分散作用。

溶液聚合法是将水溶性单体、交联剂和引发剂在水中溶解形成分布均匀的溶液，置于反应器中，通氮气排除溶解在反应液中的氧气，在一定的温度条件下进行聚合交联。得到的凝胶状弹性体产品，切碎、烘干，粉碎成所要求的粉末状产品。溶液法具有方法简单、体系纯净、交联结构均匀的特点，产物为团状，需要烘干、粉碎等后续处理工序，但该体系中含水量较大、烘干费时、耗能。溶液聚合法可采用先聚合，合成线形聚合物，后加交联剂进行表面交联的方法，或单体与交联剂同时加入，在氮气保护下升温，再加入引发剂，经引发聚合，进行共聚交联的方法来得到内部交联均匀分布的吸水材料。

合成低分子量聚丙烯酸钠的过程中，涉及各种的化学反应，其中最重要的是中和反应和聚合交联反应。

（1）部分中和反应

$$CH_2{=}CH \underset{}{\overset{NaOH}{\rightleftharpoons}} CH_2{=}CH + H_2O$$
$$\quad\ \ |\qquad\qquad\qquad |$$
$$\quad COOH \qquad\qquad COONa$$

（2）引发反应、聚合交联反应

$$H_2C=CH(COONa) \xrightarrow{\text{引发剂}} \text{+}H_2C-CH(COONa)\text{+}_n$$

溶液聚合法合成低分子量聚丙烯酸钠主要需控制的因素有：交联剂种类和用量、引发剂种类和用量，中和度（丙烯酸单体用，中和度一般控制在 60%～90%），反应温度、时间（一般在 50～80℃，保证自由基反应正常进行；反应时间在 2～5h），水解条件（需要时选择）。

（1）反应性单体　合成低分子量聚丙烯酸钠使用的水溶性单体，主要有丙烯酸和/或其碱金属盐、铵盐，甲基丙烯酸和/或其碱金属盐、铵盐，甲基丙烯酸甲酯，丙烯酸甲酯，丙烯酸丁酯，甲基丙烯酸己酯，丙烯酸己酯，甲基丙烯酸丙酯等，其中使用最多的单体是丙烯酸。

（2）交联剂　合成低分子量聚丙烯酸钠，不论采用哪种单体（丙烯酸、丙烯酸盐、丙烯酰胺等），最终产物都要形成适度交联的三维网状结构，交联网状结构主要是通过交联剂来实现的。丙烯酸类单体，即便不用任何交联剂也会产生某种程度的自交联。但为了产品性能的稳定，一般需在单体溶液中加入交联剂交联，使产物由水溶性转变为适度交联的水溶胀物。聚丙烯酸钠制备所需的交联剂，在结构上具有两个或两个以上不饱和基团。其主要类型有两种，即利用多功能团与丙烯酸分子上羟基或活泼氢的反应的多功能团化合物和含有多个末端烯键的乙烯基类化合物。常用的交联剂有双丙烯酰胺类、多元醇类、多元醇酯、二缩水甘油醚、卤环氧化合物、多元烯丙基等。

交联剂的作用机理是，交联剂分子上的双键直接参与自由基共聚反应。交联网络的均匀性取决于乙烯基交联剂的活性。交联剂的用量一般为单体质量的 0.001%～2%。

（3）引发剂　主要使用水溶性聚合引发剂。过氧化物类有过氧化氢、过硫酸钾、过硫酸钠、过硫酸铵等；氧化还原引发剂有硝酸高铈盐、过氧化氢-硫酸亚铁、过硫酸盐-亚硫酸氢钠（或亚硫酸钠）等；偶氮类引发剂有 2,2′-偶氮二异丁腈、2,2′-偶氮双(2-脒基丙烷)二盐酸盐等。引发剂的用量一般为单体质量的 0.001%～5%。

用黏度法测定聚丙烯酸钠的分子量。首先用乌氏黏度计在 25℃下，以水为溶剂，测定水流出的时间 t_0 和各种实验条件下合成的聚合物水溶液的流出时间 t，再由下列公式计算合成聚合物的特性黏度。

$$[\eta]=\frac{\sqrt{2\times\left(\frac{t}{t_0}-1-\ln\frac{t}{t_0}\right)}}{C}$$

式中，[η] 为特性黏度；C 为溶液浓度；t 为溶液流出的时间，s；t_0 为溶剂流出时间，s。

高聚物溶液的特性黏度 [η] 和高聚物分子量之间的关系用以下经验方程式来表示：

$$\overline{M}=\left(\frac{[\eta]\times10^4}{3.37}\right)^{\frac{1}{0.66}}$$

式中，$\overline{M}$ 为聚合物黏均分子量。

将样品搅匀后称取一定量的试样（足以保证最后试样的干固量）置于的培养皿中，使试样均匀流布于培养皿的底部。然后置于 120℃烘箱内干燥，1h 后取出，放入玻璃干燥器中冷却至室温后称量，再将培养皿放入烘箱内，干燥 30min 后放入干燥器中冷却至室温后称量。重复上述操作，直至前后两次称量差不大于 0.01g 为止（全部称量精确至 0.01g），并按下式计算固含量：

$$固含量(\%)=(加热后重/取样重)\times100\%$$

三、仪器和试剂

1. 仪器

恒温水浴槽	1 套	三口烧瓶	1 个
滴液漏斗	1 个	电动搅拌器	1 套
温度计	1 个	回流冷凝管	1 个
烘箱	1 台	玻璃恒温水浴槽	1 套
乌氏黏度计	1 个	秒表	1 个
吸耳球	1 个	止水夹	2 个
移液管	4 个	涂-4 杯黏度计	1 个
玻璃棒	4 根		

2. 试剂

丙烯酸	A. R.	氢氧化钠	A. R.
过硫酸钾	A. R.	N,N'-二甲基双丙烯酰胺	A. R.
去离子	A. R.	氯化钠	A. R.
陶瓷浆料	A. R.		

四、实验步骤

1. 低分子量聚丙烯酸钠减水剂的合成

在装有搅拌器、温度计、滴液漏斗的 250ml 三口瓶中加入异丙醇（链转移剂）和一定量的去离子水，升温至一定温度，边搅拌边滴加丙烯酸、过硫酸钠（引发剂）水溶液 1~2h，保温反应 2h，冷却至 40~50℃，然后加入质量分数 30% 的 NaOH 溶液，调整 pH 值至 7~8，得到淡黄色聚丙烯酸钠黏稠液体。

2. 聚丙烯酸钠平均分子量的测定

① 准确称取一定量的待测样品，用容量瓶配制成一定浓度溶液（0.1~1g/dl）（1dl＝100ml）。

② 将恒温水浴槽温度调节至 25℃，并打开电源，使之达到平衡状态。

③ 取一支干燥、洁净的乌氏黏度计（见图 3-13），在两根小支管上小心地套上医用乳胶管，将黏度计置于恒温水浴槽中，并用铁架台固定。注意黏度计应保持垂直，而且毛细管以上的小球必须浸没在恒温水面以下。

④ 用移液管准确量取 10ml 待测样品溶液，注入黏度计中，用止水夹封闭连接 N 管的乳胶管，用吸耳球通过乳胶管将溶液吸至 E 线上方，使小球一半被充满为止。拔去吸耳球，并放开止水夹，立即水平注视液面的下降，用秒表记下液面流经 E 线和 F 线的时间，即流出时间。重复测定三次，误差不超过 0.2s，取平均值，作为该溶液的流出时

间 t。

⑤ 溶剂流出时间的测定　将上述测定完的溶液倾入废液桶中，加入10ml溶剂，仔细清洗黏度计的各支管及毛细管，重复三次以上。最后量取10ml溶剂，按上述步骤测定溶剂的流出时间 t_0。

3. 涂-4 杯黏度计测试泥浆性能

（1）取样　试样应为无结块，无凝胶，均匀的流体。事先将试样放在规定温度（如25℃）下恒温。

（2）试验　测试前应用沾有溶剂的纱布清洁黏度计内表面，冷风干燥，对光观察漏嘴孔内应洁净。将黏度计安置在水平位置上，黏度计下面放置100ml量杯，将浆料事先加热到（25+0.5）℃，用左手中指堵住黏度计漏嘴孔，迅速将试样倒入黏度计杯，用玻璃棒将气泡和多余试样刮入槽内，使杯内液面与杯边缘齐平。若室温高于25℃，则将试样事先控制在（25+0.5）℃。放开按紧的左手中指，使浆料流出，同时开动秒表，记录浆料从黏度计漏嘴孔中流出其流丝中断的时间（s）。

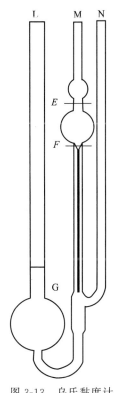

图 3-13　乌氏黏度计

五、实验结果和处理

1. 描述实验过程中所观察到的具体现象，结合性能表征对测试结果作初步分析。

2. 将数据代入特性黏度公式，计算出聚合物的黏均分子量。

3. 将涂-4 杯黏度计测试泥浆性能测试结果，以两次测定值之差不大于平均值3%作为试验结果。测定时，浆料试样温度为（25±1）℃。

六、思考题

1. 聚丙烯酸系高吸水性材料的制备方法及影响因素？
2. 聚丙烯酸系高吸水性材料制备时所使用的交联剂的作用机理？
3. 聚丙烯酸系高吸水性材料吸液能力、保水能力的测定方法？
4. 简述聚丙烯酸系高吸水性材料的主要应用领域。

七、参考文献

[1]　黄连青，宋晓明，田宝农. 低分子量聚丙烯酸钠的合成及分散性能研究. 造纸科学与技术，2016，6：46-50，72.